奥妙科普系列丛书

U0588794

DISCOVERY

让青少年着迷
的科普书
彩图珍藏版

多彩
植物世界

刘阳◎编著

吉林出版集团股份有限公司·全国百佳图书出版单位

图书在版编目 (CIP) 数据

多彩植物世界 / 刘阳编著 . -- 长春：吉林出版
集团股份有限公司，2013.12（2021.12 重印）
（奥妙科普系列丛书）
ISBN 978-7-5534-3905-1

Ⅰ . ①多… Ⅱ . ①刘… Ⅲ . ①植物—青年读物②植物
—少年读物 Ⅳ . ① Q94-49
中国版本图书馆 CIP 数据核字 (2013) 第 317306 号

DUOCAI ZHIWU SHIJIE

多彩植物世界

编　　著：刘　阳
责任编辑：孙　婷
封面设计：晴晨工作室
版式设计：晴晨工作室
出　　版：吉林出版集团股份有限公司
发　　行：吉林出版集团青少年书刊发行有限公司
地　　址：长春市福祉大路 5788 号
邮政编码：130021
电　　话：0431-81629800
印　　刷：永清县晔盛亚胶印有限公司
版　　次：2014 年 3 月第 1 版
印　　次：2021 年 12 月第 5 次印刷
开　　本：710mm×1000mm　　1/16
印　　张：12
字　　数：176 千字
书　　号：ISBN 978-7-5534-3905-1
定　　价：45.00 元

前言

Foreword

植物世界是一个庞大、复杂的生态系统，占据了生物圈面积的大部分。植物给人类提供了生存必需的氧气，还提供了食物和能量。从一望无际的草原到广阔的江河湖海，从赤日炎炎的沙漠到冰雪覆盖的极地，处处都有植物的生根之地。

目前，人们知道的植物大约有 30 余万种。通常以根扎于土壤，吸收养分。植物是生物界中的一大类，可分为孢子植物和种子植物，具有叶绿素和基质，能进行光合作用。植物细胞内有细胞核，能将无机物转化为有机物，有些特例不能将无机物转化为有机物，有些没有叶绿素，具有其他的光合作用元素。

植物是生命的主要形态之一。简单地说，植物是能进行光合作用，将无机物转化为有机物的一类自养型生物。据估计现存大约有 350,000 个物种，至 2004 年有 287,655 个物种已被确认，其中有 258,650 种开花植物 15,000 种苔藓植物。 绿色植物大部分的能源是经由太阳的光合作用得到的。

CONTENTS

目录

第一章　认识植物

002 / 植物诞生的秘密

004 / 植物从水生到陆生之谜

006 / 原始森林之母

008 / 被子植物之源——木兰

010 / 草本植物之源

012 / 神奇的植物活化石

015 / 恐龙时代的霸主植物

018 / 叶的秘密

021 / 千奇百怪的叶形世界

023 / 花的世界

025 / 奇妙的花形与花序

027 / 果实的奇幻世界

029 / 种子的内幕

031 / 千变万化的植物茎

033 / 植物根系的作用

第二章　植物探秘

036 / 没有妈妈的植物

038 / 海带繁殖的秘笈

040 / 有感情的植物

043 / 植物的出汗之谜

045 / 灵敏的植物

047 / 植物的"媒人"

050 / 不怕冷的植物

053 / "好色"的植物

056 / 植物营养含量的秘密

058 / 植物会自卫吗

061 / 煤炭的形成

063 / 植物史上的大浩劫

065 / 植物奇怪的名字

067 / 无籽西瓜的秘密

069 / 植物的婚配嫁娶

第三章　植物之最

072 / 树之最

074 / 寿命最长和最短的种子

076 / 世界上资格最老的种子植物

078 / 绿色植物的始祖

080 / 世界上最轻和最重的树木

目录

082 / 寿命最短的植物

084 / 世界上长得最慢的树

087 / 世界上最粗的植物

089 / 世界上树冠最大的树

092 / 世界上最长寿的树

094 / 世界上最甜的植物

097 / 世界上最小和最大的种子

100 / 被称为"世界爷"的巨杉

103 / 世界上最大的植物精子

106 / 沙漠中最长寿的植物

第四章　植物拾趣

110 / 动物们的粮仓

112 / 植物界的白衣天使

115 / 蔬菜家族

117 / 瓜类的大家庭

119 / 花样最多的植物

122 / 中药宝库

124 / 热带植物之王

126 / 植物界的软体大师

128 / 跋山涉水的植物

130 / "苦命"的植物

133 / 植物界的大家族

136 / 植物的记忆

138 / 植物的年龄之谜

140 / 香蕉与菠萝的身世之谜

143 / 五谷杂粮之谜

第五章　植物利用

146 / 浑身是宝的柿树

148 / 杜鹃的神奇用途

150 / 解密红豆杉

152 / 药用石榴

154 / 利尿良药

156 / 抗癌之树

158 / 安神灵药

160 / 解毒高手

162 / 仙草

164 / 本领强大的蒲公英

167 / 驱毒良药

169 / 金不换的"三七"

CONTENTS

目录

171 / 解毒妙药

173 / "果中仙品"松子仁

175 / 天然保湿圣品

177 / 镇咳良药

179 / 粗粮之首

181 / 别样的苦瓜

183 / 万能百合

第一章
认识植物

在我们生活的地球上，植物无处不在。五颜六色的花朵、郁郁葱葱的树木、绿油油的青草……都在为地球增添着生机与色彩。这些美丽的植物是从哪里来的呢？在它们的背后又有着怎样的历史呢？你知道被子植物之母又是哪一种植物吗……

让我们一起打开植物的大门，走进植物的世界，领略它们不一样的风姿。

植物诞生的秘密

> 不论是一望无际的草原，还是辽阔的江河湖海；不论是赤日炎炎的沙漠，还是冰天雪地的极地，每一处都有植物的踪迹。

无处不在的植物们，都是天地伟大的造化，它们每时每刻都在进行着光合作用，将无机物转化为有机物，为我们提供生存必需的氧气、生物和能量。

动物们赖以生存的植物，诞生在距今 25 亿年前（元古代）。植物们的祖先属于菌类和藻类，其中藻类曾是繁殖量最高的植物。但它们一直生活在水里，直到 4.38 亿年前（志留纪），藻类中一种被称作绿藻的植物，摆脱了水域环境的牢笼，进化为蕨类植物，作为世界上第一种出现在陆地上的植物，使得枯燥的大地披上绿衣。可惜的是，在 3.6 亿年前（石炭纪），蕨类植物逐渐走向没落，虽未完全消失，但被逐渐发展起来的石松类、楔叶类、真蕨类和种子蕨类所取代，这些类型的植物还逐渐发展成为沼泽森林。

❖ 石松类——松叶蕨类

以上所介绍的植物类型都是在上古世纪出现的，在 2.48 亿年前（三叠纪），这些古生代产生的主要植物几乎灭绝，取而代之的是裸子植物。它不仅进化出花粉管，还使植物完全摆脱对水的依赖，是继蕨类植物的突破之后，又一个重大的突破，

现今，在植物界占据着重要席位的被子植物，所具有的内在潜能远远超越它是植物的本身。它被人类广泛运用在多个领域中，不仅成为了人类生活中必不可少的食物，还为建筑、纺织、塑料制品、油料、纤维、食糖、医药、树脂、饮料等提供原料。因此，被子植物已然成为人类生活中的必需品，与人类形成密不可分的关系。

使得植物的进化又迈进了一大步。在进入新生代前，即距今 1.4 亿年前（白垩纪），某种裸子植物分化出一种更新、更具进步意义的被子植物，又为植物的进化史添上了有力的一笔。

在不知不觉中，植物进入新生代，地球的环境也变得日益复杂。地球环境不再是中生代时期全球均一性热带、亚热带气候，而是渐渐变成中、高纬度地区四季分明的多样化气候。在自然的巨变中，蕨类植物没有继续存活下来，而是因适应性的欠缺而进一步地衰落，同时裸子植物也一步步地走向衰落。

这时，有一种植物却以惊人的速度在进化，这种植物就是从裸子植物中分化出来的被子植物。被子植物很快就适应了地球环境的变化，并在遗传、发育的过程中进化，尤其是在"花"这个繁殖器官上发挥了决定性的进步作用，使它们能通过自身的遗传变异，适应了变得严酷的环境条件，从而发展得更快，分化出更多类型。目前，被子植物门已经进化出 90 多个目，200 多个科，1 万多属，占植物界的一半。我们的地球因这些美丽而多样的被子植物，而变得更加美丽和充满生机。

❖ 藻类

■ **Part1** 第一章

植物从**水生到陆生**之谜

> 在最开始的时候，植物是在水中生活的，但是它们不满足于在水中的生活，想要争取更大的生存空间和吸收更多的阳光。于是，植物们开始不断努力，等到条件成熟的时候，把家搬到广阔的陆地。

在原始时代，在原始的海洋里早就存在真核生物，最为人所熟悉的真核生物就是藻类植物，因为藻类是由原始单细胞真核生物分化而成的。

知识小链接

在我们的日常生活里，常常可以看到一类叫"苔藓"的植物。在裸蕨类植物"登陆"前后，属于裸蕨类的"苔藓"也"登陆"了，但是由于这种植物一直都依赖阴湿的环境，所以直到现在，"苔藓"仍然没有进化，还是停留在裸蕨类植物的原始阶段，连真正的根都没有。

这些藻类可以说是植物搬迁的领军植物，它们很早就遇到了适合搬家的条件，就是在植物发展到志留纪(距今约4亿年)时，地壳发生了造山运动，海洋面积缩小，陆地出现。部分生活在岸边的绿藻，在海水退潮和涨潮的交替过程中，逐步登上陆地，进化为更高等的陆生植物。经过这样的搬家

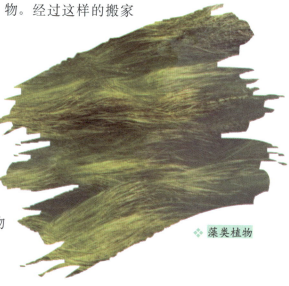

之后，藻类不仅摆脱了低等绿色植物的称呼，还成为植物界进化的主干、陆生高等植物的祖先。

等到天时地利，藻类植物

❖ **藻类植物**

❖ 绿藻

在陆地安全地生活下来，但是最早的陆生植物主要是裸蕨类，而不是藻类。这是因为裸蕨类植物的适应力强，虽然在海洋环境里，它们无根又无叶，只作为一个"茎状物"而存在。裸蕨类植物到了陆地之后，自强不息，渐渐适应了陆地生活，继续进行进化，逐渐有了根、茎、叶分化的趋势，有了真正的根和叶，进化成蕨类植物。蕨类植物的根、茎、叶和生殖器官的分化，为蕨类植物的大发展奠定了基础。蕨类植物经过进一步努力之后，在陆地上就分化为石松植物、楔叶植物和真蕨植物等三种类型。

裸蕨类植物在最开始的时候，由于是水生植物，因此它们的生存环境必须要有水。但是，大陆并没有继续为它们提供适合繁衍的环境，气候变得日益干旱。这样的干旱环境使得裸蕨类植物难以再生存下去，最后它们走向衰亡，被由裸蕨类进化而成的高等蕨类植物所取代。它们不像裸蕨类植物那样没有真正的根和叶，它们有真正的根和叶，它们不断地努力，最后终于成为了陆地上首位"土生土长的居民"，也是植物成功地从水生变成陆生的里程碑。

植物从水生变成陆生之后，不仅增强了植物自身的生存环境，增加了植物的种类，还使得一直都十分荒凉的地球披上了绿油油的新装，增添了生机，也为全球生态系统的建立做出了贡献。

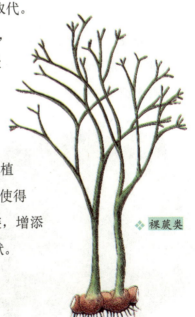

❖ 裸蕨类

原始森林之母

原始森林被称为"地球之肺",是地球上最重要的生态系统之一。有着这般神奇力量的原始森林,你有想过它是怎样形成的吗?这样的原始森林里面又有什么呢?

其实,在原始森林里,通常有苔藓、地衣和附生的菌类等植物。树木的种类大多数是松、杉和柏等树种,这些树种均属裸子植物,因此,裸子植物造就了原始森林,有"原始森林之母"之称。

古生代后期的上泥盆纪(距今3.95亿~3.45亿年),这是裸子植物最早出现的时期,在这个时期之后,裸子植物还经历了石炭纪、二叠纪、侏罗纪、白垩纪和新生代的第

知识小链接

在我国最大的天然林区——东北大兴安岭,裸子植物的后代遍布整个林区。大兴安岭的原始森林中主要有落叶松和樟子松,小兴安岭和长白山则同时有红松、杉松和长白鱼鳞松等。因此,东北林区的森林面积和木材蓄积量在全国范围内均占优势,分别占全国森林总面积的37%,占全国木材总蓄积量的1/3。

◆ 地衣

三纪等时期。在这些时期中,裸子植物经历了漫长而残酷的进化与发展,旧的种类因为气候原因而逐渐消失,新的裸子植物的种类不断更替而出,其中在第三纪时期,裸子植物更进化出现代裸子植物,并经过了第四纪冰川期仍生存了下来。

在漫长的发展中，裸子植物的种类不断变更，直到近代，全世界现存的裸子植物达 12 科、800 余种，其中松科、杉科与柏科占主导位置。虽然它们同属裸子植物，但它们之间也是存在着差异的。松科与杉科、柏科之间的主要差异是松科球果的种鳞与苞磷离生，只有基部才是合生的，而杉科、柏科的球果则是半合生或完全合生。

❖ 苔藓

虽然杉科与柏科的球果合生情况一样，但这二者之间也存在着差异。杉科与柏科的球果中种鳞与叶部的排列方式不同，杉科为螺旋排列，极少为交叉对生，柏科的则均是交互对生或轮生。除此之外，杉科的种鳞两侧有翅，不同于柏科的种鳞，每片种鳞有一至多粒种子，种子两侧有窄翅或没有翅；杉科的叶为披针形、条形、钻形或鳞形，而柏科的叶呈鳞形、刺形或披针形。

从裸子植物的发展史我们不难看出，裸子植物大多数都是高大的乔木，其发展为原始森林的形成与发展奠定了基础。多种不同种类的裸子植物组成的大片森林，更是为人们提供了各种类型的原材料，为人类的发展做出了很大的贡献，"原始森林之母"这个称号裸子植物更是当之无愧。

❖ 松柏纲裸子植物

Part1 第一章

被子植物之源——木兰

提起木兰，你会想到什么呢？是代父从军的花木兰？还是清香美丽的木兰花呢？洁白美丽、清质雅姿的玉兰花也是木兰科的一种，而且还是进化最不彻底的被子植物呢？

❖ 木兰科

距今约 1.2 亿年前的中生代末期的白垩纪，这个时期一般被认为是被子植物进化早期和初期的重要分化时期。从白垩纪中期保存至今的被子植物化石至少达 40 个科，种类的数目多得惊人，不仅如此，化石里被子植物的种更是与现代的相似，但其中缺乏草本植物。在白垩纪的末期，被子植物在地球上占据着重要的位置，地球上的大部分地区都被被子植物占据了统治的地位。

在植物发展史上有着这样重要地位的被子植物，它是有"木本被子植物之源"之称的木兰科植物，在木兰科植物

知识小链接

木兰科植物不仅仅只有花，还有树木，且都具有很大的潜在价值。木兰科的花和树可以作观赏之用，是一类很有观赏价值的园林绿化花种。除此之外，有的木兰科植物可以作木材和药材等用途。但是木兰科植物在全球范围内所占的面积很小，而且数量不多，同时随着环境的日益恶化，自然生长的木兰科植物的数量越来越少，因而导致利用与开发存在很高的难度。

中以玉兰花最为原始，它不仅是原始植物种类，而且至今还保留着被子植物最原始的特征。玉兰花之所以原始，是由于它独特的花托，其花托呈棒状，上部有无数分生的心皮螺旋状排列，下部则有无数雄蕊螺旋排列，而且雄蕊很多，花丝扁平似叶，与本内苏铁

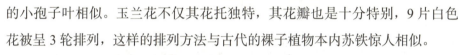

❖ 玉兰花

的小孢子叶相似。玉兰花不仅其花托独特，其花瓣也是十分特别，9 片白色花被呈 3 轮排列，这样的排列方法与古代的裸子植物本内苏铁惊人相似。

从以上玉兰花拥有的独特之处，我们不难推想出玉兰花的祖先应该与本内苏铁有十分多的相同之处，或许与本内苏铁有着共同的祖先。因此，被子植物玉兰花更加能够反映出与裸子植物的相似之处，具有众多被子植物的原始特征的玉兰花属于木兰科，因而木本被子植物的源头是木兰。

❖ 玉兰花

Part1 第一章

草本植物之源

我们都知道地球很久很久以前就有了生命，草本植物从诞生开始到现在已经存在 2000 万年了。

在地球上，毛茛是这些草本植物当中进化最早的。你要是对它的原始地位有怀疑，那么就让我们从它的花朵结构开始慢慢释疑吧。

毛茛科，以毛茛为代表，全科一共有 50 属，约 2000 种，在世界各地都有它们的分布，其中以北半球的温带和寒带为主要分布地点。在《中国植物志》中，毛茛科被分成了四个亚科，有 42 属，大约 720 种，从我国东北到华南都能寻找到这个科的植物。

毛茛的花朵和梅花一样大小，有 5 个花瓣，像车轮一样排列着，雄蕊以金黄色居多。比起花瓣，它的 5 个萼片就小很多了，当中也有着一点黄色。当拔去全部雄蕊的时候，你会发现一个小小的、突起的像短柱样子的花托就是雌蕊居住的地方，而在花托的下部

知识小链接

毛茛有很多的别名，如鱼疗草、鸭脚板、野芹菜、山辣椒等。它一般会生存在田野、沟边、路边或者山坡上的杂草丛中。别看它一副不矜贵的样子，它可是大有用途的。我们用它来做外用的发泡药，用来治疗疟疾和黄疸。如果把它的鲜根捣烂，敷在患处，可以治疗淋巴结核。不过因为它含有毛茛苷，鲜根含有原白头翁素，所以它是一种有毒的植物。

❖ 毛茛

就是雄蕊、萼片，还有花瓣的地盘了。每一个雄蕊都是由一个如扁卵形状的心皮组成的，心皮有柱头，但是它的花柱并不明显。它们像螺旋向上的梯子一样生长在花托上。当你挑开毛茛的心皮时，就能够看见一个胚珠长在下面。毛茛的这种雄蕊和雌蕊的数目多，排列方式和隆起的花托都是它的原始特征。这就与木兰科植物玉兰等这类花具有了类

❀ 毛茛

似的特征，但是因为它的萼片和花瓣已经分化出来了，比起玉兰，毛茛进化程度更高了。

　　说完毛茛的原始特征，我们再继续看看它的其他特点吧。毛茛是一种多年生的草本植物，一般有 30 厘米高，最高可达 60 厘米。全身会长有白色的、又细又长的毛，特别是它的茎和叶柄上会长得更多。基部和茎下部的叶片是有长柄的，最长可以达到 20 厘米，叶片呈掌状，近似五角形，长在 3 ~ 6 厘米之间，而宽在 4 ~ 7 厘米之间。一般会出现 3 个深裂，而裂片有椭圆形的，也有倒卵形的。在中间的那个裂片又会出现 3 个浅裂，而两边的裂片就会有大小不一的两个小裂，会呈现出尖头的形状。茎中部的叶有短柄，而上部的叶则是无柄的。毛茛的果实是球形的聚合果实，大约有 3 毫米长。它的花期有 3 ~ 5 个月。

❀ 毛茛

Part1 第一章

神奇的**植物活化石**

> 银杏、银杉和水杉这三种植物都是在很久以前就在地球上生存了，然而在第四纪大冰川时，许多动植物都相继灭绝了，幸运的是，它们中有小部分在个别地区存活了下来，这其中就有银杏、银杉和水杉，而且被科学家发现后，成了地球植物王国的"活化石"。

银杏，别名公孙树、白果、鸭掌树，属于银杏科落叶乔木。在距今 2 亿年前的地球上就已经有了银杏。在第四纪大冰川之后，银杏只在我国和日本幸存了下来，成为世界上最古老的植物活化石之一。在我国，银杏分布范围很广。银杏树的高度可达 40 米，胸径能达到 4 米。

❖ 银杏树叶

或许我们不知道银杏树长什么样子，但我们绝对都会认识它的果实。银杏的果实就是我们俗称的白果。白果用以食疗的历史在我国是早已流传的了。

❖ 银杏树

白果的益处非常多，而且效果显著，对于保养皮肤、延年益寿等都有很好的作用。不过因为里面含有氰氢酸，也不适宜食用过多。

银杏的价值并不仅限于其果实，它的叶

子可以用来治疗冠心病、鸡眼、脑血栓等。银杏树木质优良，树姿挺拔，让人感受到一种雄伟中又带有典雅的感觉，具有极高的观赏价值。

银杉，是我国特有的第三纪孑遗植物，1955年4月被我国植物学家钟济新在广西龙胜花坪原始森林进行调查时所发现，后在1957年被确认是目前只有我国保有的珍稀植物。消息一出，便吸引了世界植物学界的高度关注。此后，又在我国多地发现了银杉的足迹。

知识小链接

说起银杏树的高大，不得不说这么一个小故事了。在20世纪50年代，贵州省福泉县黄丝乡的李家湾有一个农户曾经住在一株银杏树的洞里。这个洞距离地面有5米高，因为遭受到雷击火烧才形成的内径达3.5米的大空洞。农户在洞里养了牛。最难以想象的是3头水牛可以在洞内自由走动。由此可见银杏树有多高大了。

银杉树可高达20米，一般生存在气温低、湿度大、日照少、多雾雨、海拔1000米左右的高山森林中，为松科常绿乔木。因为叶的背面长着两条银白色的气孔带，所以被称为银杉。笔直的树身，平展的枝干，闪闪的银光，让它在树丛中尤为显眼。银杉一般在每年的三四月开花，花呈现出淡淡的黄绿色，非常吸引人。

在我国发现水杉后可谓是震惊了世界。它是1943年我国植物学家王站在四川万县磨刀溪路旁发现的。在此之前，科学家们想看见水杉，只能是看白垩纪地层中的水杉化石。

❖ 水杉

水杉在1亿年前就生存在地球上了，高度可达35米，为杉科落叶乔木，其适宜的生存环境是光照充足的地方。水杉是耐低温植物，可以忍耐住零下30℃的低温，而且它能够迅速生长。在我国，除了个别地区，各地都适宜栽培。它的树干通直，树叶在秋天时会变成棕褐色，十分别致。因为水杉的材质既轻又软，纤维含量高，所以成为了非常好的家具和造纸用材。

❖ 银杏树

恐龙时代的**霸主植物**

> 侏罗纪是恐龙的鼎盛时期，在三叠纪出现并开始发展的恐龙迅速成为地球的统治者。恐龙是那个时代的霸主动物，而在恐龙时代的霸主植物又是谁呢？

在距今 4 亿年前，陆地上出现了当时最早的高等植物蕨类植物。当时在恐龙时代，遍布水泽的陆地上，身材高大挺拔的蕨类植物成为了霸主植物。恐龙称霸地球的时代，蕨类植物也成为恐龙的食用植物之一。

但蕨类植物能够成为恐龙时代的霸主植物的原因究竟是什么呢？最大的原因是当时地球环境很适合蕨类植物繁衍，在温暖而潮湿的环境里，到处生长着由高大的树蕨组成的森林，鳞木、封印木、芦木等高大挺拔的蕨类植物组成了广袤的沼泽森林。

蕨类植物是植物中主要的一类，是最原始的维管植物，虽然是高等植物，但只是高等植物中比较低级的一门。大部分的蕨类植物是草本，只有少数才是木本，因而现今在地

知识小链接

许多蕨类植物与人类的关系十分密切，蕨类植物在人类生活中，扮演着药物、食物、工艺品以及观赏等角色。有很多蕨类植物可供药用，如：阴地蕨可治小儿惊风；一些蕨类植物的根部富含淀粉可做食品，而有的是可以直接作为蔬菜食用，例如蕨、紫萁等都是重要的野生蔬菜；而蕨类植物中木本植物的干，常常被做成工艺品。

❖ 蕨类植物

❖ 桫椤

球上生存的蕨类植物大多是草本植物。如今，大部分都是草本蕨类植物，也有濒临绝种的木本蕨类植物，也是目前唯一存活下来的木本蕨类植物，它就是桫椤，又名树蕨。

桫椤在目前存活下来的蕨类植物中，被称为是"蕨类王国中的巨人"。

❖ 桫椤

这种植物的树形十分奇特，许多大型羽状叶簇生在茎干顶部，从远处看，就像是一把打开的伞。不仅树形奇特，其繁衍方式也十分特别。它并不是依靠种子繁衍的，而是靠孢子囊长出的孢子来繁育后代，因为桫椤不开花，也结不出种子。因此，其繁衍后代只能靠这些孢子了，孢子落入土壤以后会萌芽，然后长出一个被称为"原叶体"的心形片状体。原叶体的下面会生出假根，这样它就能够独立生活了。

桫椤这样的繁衍方式对它自身生存存在一定的威胁，因为它是进化较原始的树种，根系并不是十分发达，只有茎干基部生有一些不定根，而且茎中的维管束较原始，吸收、运输水分和养分的能力较弱，使得桫椤承受不住环境恶化带来的影响。桫椤喜欢生活在四季分明的环境中，特别是气候温暖湿润的地方。因此，就目前桫椤类植物的分布情况来说，它们多在热带雨林之间，或者是安身于潮湿的亚热带沟谷溪畔。在我国，桫椤的身影主要是出现在云南西部和东北部、四川南部、贵州西北部和南部、广东、广西、台湾和福建南部等地。桫椤作为珍稀的绿化树种，不仅可以供观赏，还可以入药，具有祛风除湿、活血化淤、清热止咳的功效，并且还能有效预防流行性感冒。

❖ 桫椤

❖ 桫椤

■ Part1 第一章

叶的秘密

叶是维管植物营养器官之一，同时绿色植物的叶是植物体进行光合作用的主要器官。你知道叶除了有光合作用这个功能，还有什么神奇的力量吗？

叶是绿色植物的主要器官，有的人以为叶其实就是叶子，而实际上，叶并不是单单指叶子。叶子其实就是叶的一个组成部分——叶片。一般被称为"完全叶"的叶是由叶片、叶柄和托叶这三部分组成的，而被称为"不完全叶"的叶通常都是因为缺少叶柄或托叶而造成的。

❖ 叶子

无论是"完全叶"还是"不完全叶"，叶片都是其重要的组成部分。典型的叶片几乎都是呈现着扁平形，并且表面积很大，但是叶片的大小和形状会因植物类型的不同，而有着不同的差异。叶片的表面积大是为了更好地接受光照，以及与外界进行气体交换和水分的蒸散。植物进行

❖ 叶子

蒸腾作用的主要器官和气体出入的门户主要是叶片上的表皮。表皮与叶肉和叶脉一样，是叶片的重要组成部分。叶具有光合作用的功能，而在叶中进行光合作用的场所正是叶片中富含叶绿体的叶肉部分。叶肉由薄壁细胞构成，同时叶肉中分布着许多叶脉，即叶内分布的维管束。表皮与叶脉合力使得叶肉的光合作用能够顺利进行，表皮保证了叶肉进行光合作用时的安全，而叶脉则保证了叶内的物质输导。

知识小链接

叶的叶片在不断进化过程中，会有凹缺的现象出现，而且凹缺通常是对称的，这种叶片的凹缺，通常称为缺裂。常见的两种缺裂是掌状凹缺和羽状凹缺，并分为浅裂、深裂和全裂这三种程度。掌状凹缺是具掌状叶脉的叶片，其侧脉发生缺裂，缺裂未及叶片半径 1/2 的属于掌状浅裂，缺裂已过叶片半径 1/2 的属于掌状深裂，而缺裂已深达叶柄着生处的就是掌状全裂。羽状凹缺的等级划分原则与掌状凹缺的基本一致，只是羽状凹缺是在具羽状叶脉的叶片上进行的。

❖ 叶子

叶的另外两个组成部分叶柄和托叶，分别位于叶片的基部和叶柄与茎的连接处。叶柄与茎相连支持叶片，在这两者之间起着输导作用，而托叶通常起的是一个连接的作用，其形状一般是十分细小的，有的植物的托叶小得甚至退化为刺了，但是也有大的托叶，这种大的托叶是可以进行光合作用的。

叶是植物进行光合作用、水分蒸腾、进行气体交换和制造养料的重要器官，其中光合作用和蒸腾作用是叶的主要作用。光合作用是叶片中的叶绿素利用吸收到的光能，把二氧化碳和水合成淀粉和蔗糖这些有机物，在合成有机物的同时放出氧气，同时气体交换也

❖ 叶子

是在光合作用中进行。而蒸腾作用则是植物体内的水分透过叶片上的气孔和表面的角质层缝隙，在大气中蒸发的过程。

❖ 叶子

在植物体内，所有生活细胞都是依靠着叶子的光合作用为它们提供营养物质的，而这些光合细胞制造出来的有机物，又是怎样运输到植物体的各个部分的呢？目前，在植物体内，并不知道叶片中制造的有机物运输动力是什么，但是有一点是可以肯定的，这些有机物是通过韧皮部运输，而水和矿质元素是通过木质部运输的。植物体内营养物质的正常运输，确保了植物的生长。

Part1 第一章

千奇百怪的**叶形世界**

世界上有着各种千奇百怪的叶子，有条形的叶子，圆形的叶子，也有心形的叶子……你知道在植物世界里，有多少种不同的叶形吗？

叶形就是叶子的形状或者轮廓，叶形主要是根据叶片的长度与宽度的比例以及最宽处的位置来确定的。不同种类的植物，其叶子的形状也是不同的。常见的叶形有针形、披针形、倒披针形、线形、剑形、圆形、矩圆形、椭圆形、卵形、倒卵形、匙形、扇形、镰形、心形、倒心形、肾形、提琴形、盾形、箭头形、戟形、菱形、三角形、鳞形等20多种。

其中最常见的是针形叶、圆形叶、心形叶和线形叶，这四种叶形的基本特征以及代表植物如下：针形叶像针一样细长，华山松是其代表植物；圆形叶，其代表植物就是莲，莲叶圆而大，是典型的圆形叶；心形叶类似基部有圆缺的卵形叶，牵牛、紫荆、白薯等都是这种叶形的代表植物；而线形叶，不仅叶片狭长，而且长是宽的很多倍，两边接近于平行，如小麦、韭菜等。

除了这四种比较常见的叶形，还有一些是属于比较特别的叶形，如匙形叶、镰形叶、提琴形叶这三种叶形。匙形叶的外形跟羹匙的外形很相近，中部以上是宽圆的，而下部则渐渐变窄，白菜就是这种叶形的代表植物；镰形叶的两边在平行的基础上稍弯，像镰刀一样，代表植物有含

❖ 心形树叶

羞草、合欢等；提琴形叶，叶形如其名，其外形跟提琴十分相似，如一品红、琴叶榕等植物的叶子。

虽然叶形分成很多不同的种类，但是实际上，叶子形状的划分界限并不是十分明确。虽然一般情况下，某种植物的叶子都有自己所属于的某种叶形，但其实不同的叶形之间也有许多的共同点。因此，某种植物叶子的形状，可以是由多种不同的叶形结合而成的，而这种多种叶形并存的叶子，被称作是异形叶性。其出现的原因有

❖ 镰刀形树叶

两种：一种是因为自身的因素，即同一株植物上，枝的老幼不同而导致的；另一种则是受到外界不同的因素影响而造成的。由于自身因素而造成异形叶性的代表植物是益母草的叶形，益母草基生叶略呈圆形，而中部叶为椭圆形并掌状分裂，顶生叶呈线形、无柄且不分裂。由于环境因素而造成异形叶性的代表植物是水生植物菱浮，这种植物可以在水中和水上生存，在水面上和水中时的样子差异是十分大的，在水面上时，叶呈菱状三角形，而沉在水中时，叶则为羽毛状细裂。

在千奇百怪的叶形世界里，我们能欣赏到不同叶形的美丽，同时也能感受到自然界的神奇。

花的世界

AOMIAOWIFU

花朵为这个五彩缤纷的世界增添了无尽的色彩与美丽。你知道吗？这些看似娇弱的花朵们，竟然有着我们意想不到的成长历史，看完花的成长史，你或许对花会产生另一种看法。

花的种类繁多，可以说是无时无刻不在争奇斗艳，它的出现为动物的发展和出现，奠定了物质基础。最早的花是在约7000万年前的晚白垩纪，由原始裸子植物进化而成的，同时，花作为植物的一种生殖器官，由不分枝的芽演变而成。

花不仅有着这样神奇的出现方式，自身还有着独特的身体结构。花一般是由花梗、花托、花萼、花冠、雄蕊和雌蕊组成的，每一个部分都着其不同的功能。花梗

知识小链接

有的花授粉需要依靠勤劳的蜜蜂和美丽的蝴蝶才能完成，蜜蜂和蝴蝶在花丛中飞舞的时候，会在不经意间沾上花粉，当它们飞走的时候会把花粉一起带走，带到另一朵花身上，这样就使得花发育种子，才能有繁衍的机会。

起着支持和输导的作用，为花的各个部分输送营养，花梗是在连接花与茎的位置，它的长短不定，是根据花的种类不同而决定的。花梗在花的身体中起着重要的作用，而花托也起着不

❖ 花

可或缺的作用。花托就是我们通常看到的花的形态，花的种类不同，花托的样子也是千差万别的，例如玫瑰花、水仙花和杜鹃花这三种花，它们的花托样子是各不相同，又各有特色。花托除了让我们有直接的视觉效果，它自身也担当着一个"托盘"的角色，在花托里依次排列着花萼、花冠、雄蕊和雌蕊。其中花萼和花冠是花中最显著的部分，因为它们在颜色、形状和大小等方面都有着明显的变化和差异，使得花的种类的辨识度提高。

❖ 花

在花的结构中，雄蕊和雌蕊的同时出现是最令人感到神奇的，也使得花成为一个"雌雄同体"的植物，但并不是所有的花都同时具备雌蕊和雄蕊，根据是否同时拥有这两个部分，把花分为两性花、单性花和中性花。顾名思义，有雄蕊又有雌蕊的花就被称为两性花；如果只有雌蕊或雄蕊的花，那么就被称作单性花；而二者都不具备的花叫中性花或无性花。雄蕊和雌蕊除了可以判断花的"性别"之外，还是花中完成生殖功能的主要部分。雄蕊由花丝和花药两部分组成，位于花被的内部或上方；而雌蕊在花的中央，分别由柱头、花柱、子房三部分组成。

Part1 第一章

奇妙的花形与花序

清新的茉莉花，娇美的玫瑰花，傲雪的梅花，这些美丽的花朵有着各自的美丽，因为它们不同的特征、不同的姿态造就了它们各自的特色，而花的姿态是由花的什么部位构成的呢？

一般来说，一朵花是由花柄、花托、花萼、花冠、雌蕊和雄蕊等六个部分组成的，其中在最外面的花萼和花冠组成花被，而花的形态则是由花冠的形状所决定的。

花冠的形状因花的种类不同而形状各异，常见的花冠形状有：唇形花冠、蝶形花冠、辐状花冠、漏斗状花冠、舌状花冠、钟状花冠，这六种花冠形状中具有代表性的花分别为：益母草、刺槐、茄子花、牵牛花、向日葵、橘梗。

在这六种花冠形状中，属于筒状的占多数。辐状花冠呈筒状，漏斗状花冠和舌状花冠的下部都呈筒状，但这两者有相同的部分，也有不同的地方，舌状花冠的下部为一短筒；

知识小链接

花序主要分为有限花序和无限花序，它们之间主要的差别就是花序的主轴在开花期间能否继续生长，产生出苞片和花芽。这两种花序的开花顺序也是不同的，有限花序是由上而下或由内向外，而无限花序则是从边缘开始，再向中央依次开放，这是由于花序主轴的生长所受限制的不同造成的。

❖ 向日葵

而钟状花冠筒短且膨大。最有特色的花冠形状就是唇形花冠，这种花冠形状外形跟嘴唇十分相似。

花除了花形不同之外，其花序也有很多不同之处，花在花枝上不同的着生方式，使其形成不同的花序，让花看起来更加美丽且具动感。花序跟花冠一样都有着多种不同的类型，分别有：单歧聚伞花序、二歧聚伞花序、多歧聚伞花序、总状花序、穗状花序、葇荑花序、伞房花序、伞形花序、头状花序、肉穗花序、圆锥花序、隐头花序等 12 种花序。其中最特别的就是葇荑花序和伞形花序，葇荑花序是由雌花或雄花组成穗状花序，这种花序的花其花轴不但柔软而且往下垂，雄花序在开花后会全部脱落，雌花序果熟后亦全部脱落，这种花序具代表性的植物就是杨树、柳树。而伞形花序在梗顶端生出许多单花，每一朵花都有柄，或者是从总花序梗顶部生出许多小单伞形花序，又被称为复伞形花序，这种花序具有代表性的植物是伞形科的胡萝卜。

❖ 牵牛花

奇妙而多样的花形和花序使得植物世界变得更加丰富多彩，让我们感受到自然世界的神奇和植物姿态的奇妙。

Part1 第一章

果实的奇幻世界

苹果、李子和桃子都是我们平时所熟悉的水果，我们都知道这些水果都是从果树上生长出来的果实。其实这些果实还有很多不同的分类，你知道分类的依据吗？

首先，果树通常会根据用途的不同、生长习性的差异进行分类，目前果树通用的分类方法主要是依据果实形态结构和特征以及生态分布情况进行分类，即果实的分类可以决定果树的分类。

再者，依据果实的形态结构，果树果实通常分为核果类、坚果类、仁果类、浆果类、柑果类等五类。由于果实的大部分用途都是食用，因此我们从这些果实的食用部分分析其分类。

核果类食用部分主要是由子房发育成的肉质果皮，常见的核果类果实有樱桃、梅和李等。核果类果实外部的果皮多为肉质且并不坚硬。

坚果类果实外部则是大多有坚硬或者革质的外壳，食用坚果类果实通常都需要剥去外壳，只取其中的仁，因而坚果类果实的食用部分是其仁，而不是整个完整的果实，常见的坚果类果实有核桃和银杏等。

另一种与坚果类果实相类似需要剥去外壳的是柑果类果实，其食用部分是丰

❖ 仁果类——苹果

❖ 浆果类——番茄

萼，它是果实内的多汁肉质瓣瓣，由多心皮的子房发育而成。柑果类果实的外果皮不仅坚韧而且具有一定的油分，而中间部分的果皮却比较疏松，通常是白色海绵形状的维管束，最里层的果皮为膜质，分为很多个部分，这就是柑果类果实主要食用部分，我们常见的橘、柚和柠檬等果实都是属于柑果类果实。

仁果类和浆果类果实则不需要剥去外壳或外皮，食用部分是可以直接食用的。它们之间的不同在于食用部分的位置，仁果类果实的食用部分主要是由花萼和花托发育成的肉质部分，最里层的皮形成果心，果心内有很多小种子，常见的有苹果、梨和木瓜等；而浆果类果实食用部分主要是内果皮，果实柔软多汁，果实里也有很多小种子，但是数量比仁果类的多很多，我们常见的浆果类果实有葡萄、猕猴桃和草莓等。

与依据果实形态结构特征分类不同，依据果实的生态分布情况分类，只分为两大类：一类是热带果类，另一类则是亚热带果类。这是我们日常生活的常用分类，主要是根据果树的生长位置而决定的。这种分类方法虽然在分类时十分容易，但是分类的范围较广，因而同一个分类中果实构造、树体结构及生长习性等都存在着很大的差异。

在以上分类中，热带和亚热带类的分类比较广泛，是一个广泛的综合名称。而按果实形态结构特征的分类中，只有仁果类、核果类、柑果类的界限比较清晰，坚果类和浆果类的分类也只是一个广泛的综合名称。

知识小链接

要形成果实，一般需要经过受精作用，但也有不经过受精作用就能产生的果实。这些没有经过受精而形成的果实，里面没有种子，被称为单性结实。还有另一种结实被称为地下结实，因为这些植物在结实时，需要在特殊的环境条件中进行才能完成结实。根据果实的发育部位，可分为真果和假果；根据果实的形态结构，可分为单果、聚合果、复果或聚花果；根据成熟果实的果皮是脱水干燥还是肉质多汁，又分为干果和肉果。

种子的内幕

在泥土下，一颗小小的种子在水的浇灌下，慢慢发芽，新芽努力向上，冲破黑暗的泥土，在地面上探出头，一个生命就这样诞生了。

在暖暖的阳光下，生长着不同的植物。一颗小小的种子竟然有冲出厚厚泥土的神奇力量，而你知道种子的内幕吗？种子是怎么来的？种子们是不是都是一样的呢？

种子主要由种皮、胚和胚乳这三个部分组成。种皮在种子的最外层，主要的作用是保护种子的胚。而胚则是最幼小的植物体，有自己的组成部分，其主要由胚芽、胚轴、胚根和子叶这四个部分组成。其中胚芽、胚根和子叶是由胚轴相互连接着的，胚轴会发育成植物体的主根，子叶有贮藏营养物质或吸收营养物质的功能，与胚乳的功能相类似。胚乳是种子贮藏营养物质的部分，其所储藏的养分将供种子的生长所需，但并不是全部种子都有胚乳，有的种子在形成的过程中把胚乳吸

> **知识小链接**
>
> 大多数种子在成熟之后并不是立刻就可以发芽的，即使是在适宜的环境里。这些成熟了的种子需要经过一段休眠期才能正常地发芽。不同的种子，其休眠期的长短是不同的，有的需要几周时间或几个月的时间，还有的甚至需要几年的休眠期。但也有例外的种子，这些种子在适宜的环境里，可以不需要经过休眠期就能发芽。

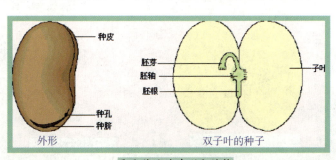

种皮
胚芽
胚轴
胚根
子叶
种孔
种脐
外形
双子叶的种子

❖ 蚕豆种子的外形和结构

收了，因而成熟的种子没有胚乳，从而成熟的种子以有无胚乳可以分为有胚乳种子和无胚乳种子这两大类。

种子依据胚乳的有无来进行分类，种子内的物质则是依据其所含的化学物质来进行分类。种子内部蕴含着很多丰富的有机物，通常分为有机物和无机物两大类。在这两大类中，有机物所占的比例较高，主要有淀粉、纤维素、脂肪、蛋白质和少量微量元素等。

❖ 南瓜种子

不同的种子可以种出不同的植物，有营养的蔬菜，美味的水果，美丽的花朵……有些外形看起来很相似的种子却可以种出许多不同的植物，其实有些种子并不都是我们平时所看到的体积很小的种子。种子的大小各不相同，有着很大的差异。非洲西印度洋塞舌尔群岛上的海椰子树的种子是世界上最大的种子，有 25 千克重；而世界上最小的种子是兰科的斑叶兰的种子，每粒重量只有二百万分之一克，与最大的种子有着极大的差别。种子除了大小会有很大的差别之外，种子的形状也是各有特色的，有圆球形的、圆柱形、心形和肾形的，等等。

Part1 第一章

千变万化的**植物茎**

植物茎似乎是一个十分陌生的词语，但是如果说木材或编织的凉席，我们就很熟悉了，这些东西跟植物茎有什么联系呢？其实木材和编织的凉席都是由植物茎做成的，木材是由树木的茎制成的，凉席是由芦苇的茎编织而成的。

植物茎不仅为人类提供很多原材料，还在给植物输送营养。在植物生长过程中，植物茎是最厉害的"营养师"，植物茎为植物储存营养，主要是在茎的皮层薄壁细胞和髓细胞中储存植物生长需要的营养。

植物茎还是植物中最勤劳的"搬运工"，除了输送营养之外，还在植物的叶、根、花、果之间的物质交换和运输中起着重要作用。植物茎通常有两大运输管道：一条是木质部中的导管或管胞，主要是

❖ 直立茎

向上吸收无机盐和水分；另一条则是韧皮部中的筛管或筛胞，主要是向上和向下运送各种有机物，有时候也会运送无机盐。

有着多种多样功能的植物茎，同时也有着很多不同的形状。根据茎

> **知识小链接**
>
> 树木的茎通常会有表皮，这层表皮起到保护作用，可以防止水分的流失和外部的一些创伤。这层表皮不只是树木有，凡是木本植物都会拥有，也起着同样的作用。

❖ 缠绕茎

的质地、茎的生长方式、茎的变态这三个方面的不同，茎可以分成以下几个不同的类别。根据茎的质地来划分，可分为木质茎和草质茎两类。而根据茎的生长方式来划分，就分成了直立茎、缠绕茎、攀摇茎、斜倚茎、斜升茎、平卧茎及匍匐茎等七种较细的类别。按照茎的变态来分，有茎卷须、茎刺、根茎、块茎、鳞茎、球茎等多种不同类别的茎，这里的茎的变态其实是指茎不同于正常工作的状态。

根据植物茎生长位置的不同，还可以分为地上茎和地下茎。这两种茎都能生出顶芽和侧芽，在适宜的条件之下，这些芽经过一段时间的休眠之后，可以长成新的植株。

Part1 第一章

植物根系的作用

在植物界中，几乎每一种植物都有根，我们一般认为这些根是植物为了稳固自身用的。作为植物的六大器官之一的根部，究竟还有什么用途呢？这些植物根系又有着怎样的千奇百怪的一面呢？

植物根的出现是植物界进化的重要标志，这些植物的真根与低等植物和苔藓植物那些没有维管组织的假根，有着本质的区别。假根是在菌丝下方生长出发丝状根状菌丝，伸入基质中吸收养分，以支持上部菌体的生存，外形跟真根很像；而植物的真根通常生活在土壤里，不仅吸收土壤里面的水分和溶解其中的离子，还具有支持、贮存合成有机物质的作用，是植物六大器官中的营养器官，专门负责给植物各个部分输送营养。除此之外，勤劳的根还有吸收、输导、贮藏、支持、固着、合成、分泌等作用。

无机盐类和水分是绝大部分植物的必需品，而这些必需品主要是通过根系来吸收的。根系在土壤中，能够主动地跟踪肥源和水源，把吸收到的无机营养和水分输送到植物体内。根系还有一个神奇的功能，是某些特殊的有机物的合成场所。

除了植物的真根和菌类的假根，还有板根、寄生根、菌根以及附着根，这几种根各自有着不同的特点。板根是热带雨林树木特有的，这种根是从树干基部，向四周长出了像板一样根的部分，起着稳固树干的作用。寄生根不为植物

❖ 根系

提供营养，只是为了吸收其他植物的养料，并使得其他植物因为缺乏营养而不能生长或者死去。菌根的概念比较简单，就是土壤中固氮菌与植物的根系生长在一起的根。而附着根，不同于寄生根，它附在树干的枝皮上，吸收着树干内部流动的水分。

你知道拥有这么多功能的根系是由哪几部分构成的吗？主根、侧根与不定根构成了整个植物的根系。在这些构成部分中，不能缺少的当然是主根，植物的根最先从胚根发育成幼根，当主根向地下生长到一定程度的时候，就会由内向外，生长出许多支根，这些支根被称为侧根。植物除了在根部会有根生长之外，在叶或者茎这两个器官上，也可以生长出根，但是这些根比较不固定，因而被称作是"不定根"。常见的不定根是榕树树干或树枝上悬垂下来的圆柱状的根，有的悬在半空，而有的扎入土中。虽然这些不定根没有根毛、根冠，也不能吸收养分，但是能从空气里吸收水分，扎入土中之后，还可以对植株起到支持作用。

在根系中，根据主根与侧根之间的明显性，分成直根系和须根系。直根系的主要特点是主根明显比侧根粗且长，从主根上生出的侧根，主次十分清晰。大多数双子叶植物的根都是属于直根系的，因为可以区分出主根和侧根。而须根系的主要特点与直根系的相反，主根和侧根无明显区别，没有主根的单子叶植物的根是须根系的代表植物。按照根系的形态，还可以分为轴根系和须根系。

❖ 根系

第二章
植物探秘

　　你知道植物是怎样繁殖的吗？在繁殖的过程中，它们会遇到什么困难，又会用有什么办法化解呢？有没有没有妈妈的植物呢？如果有，这些没有妈妈的植物又是怎样出现的呢？

　　在这一章里，我们除了探秘植物的繁殖方式，还会探秘植物世界中，植物特殊的一面，例如植物的血型、有感情的植物等；还会解开植物的一个个谜团，例如植物出汗之谜、植物的触觉之谜，等等。

　　让我们一起更深入地了解植物，探秘植物中隐藏的秘密吧！

Part2 第二章

没有**妈妈**的植物

我们能够来到这个美丽的世界，是伟大的母亲带我们来的。而在植物界，有的植物是没有妈妈的，它们不需要妈妈，也能来到这个神奇的世界，是什么植物这么神奇呢？

从细胞遗传学角度来说，一般的植物都是二倍体植物，所谓的二倍体植物就是细胞中包含着来自父母双方的两套遗传物质，遗传物质是指染色体。这些二倍体植物通常都是由种子发育而成的，而种子则是由卵核与精子在受精过程中结合而成的。种子广泛存在于二倍体植物中，但并不是存在于所有植物中。单倍体植物就是一种没有种子的植物，因为在单倍体植物的细胞中，只有一套染色体。花粉长出的小苗都是单倍体的，由于花粉和卵细胞的染色体不能配对，因而通过花粉与卵细胞的结合而产生后代的概率很小，故不能产生种子。除了单倍体和二倍体植物，还有多倍体植物，我们平常所吃的无籽西瓜就是多倍体植物。多倍体植物通常都是由人工培养而成的。

那么，那些没有妈妈的植物究竟是二倍植物体、单倍体，还是多倍体植物呢？答案是单倍体植物，并且是由一粒花粉长成的，但是大部分都是人工培植的单倍体植物，因为在自然界中，仅有少数

❖ 曼陀罗

❖ 油菜花粉

单倍体植物能自然加倍，从而发育成一棵完整的植株。在 1964 年，古哈和马赫斯瓦利二人用曼陀罗的花粉做了一个实验。古哈和马赫斯瓦把离开了曼陀罗植株的花粉，放在特殊条件下培养成苗。这种培育方式改变了它原来的发育途径，使其变成愈伤组织，而不再是变成精子了。在实验的最后，这些花粉竟然能够长成完整的植株。这个实验不仅证明了人工能够培养单倍体植株，还证明了被子植物的生殖细胞和体细胞一样具有发育成完整植物体的潜能。

要把一粒花粉培育成一棵完整的植物，并不像种子发育成一棵完整的植物那么容易。因为要有温度适宜的生存环境，同时还需要有满足其成长期间需要的营养。我们通常把适宜的营养条件称为培养基，不同植物对培养基的要求不一样。但是在常用的培养基中，一般需要含有植物生长所需要的无机盐和维生素、蔗糖等营养物质。有了这些条件之后，花粉能不能长成植株，关键在于花粉的年龄。因为用花粉培育出来的植株，不需要经过杂交育种或几代的选育，就可以获得一个稳定的品系，为了缩短育种周期，我们一般会选用属于"单核中晚期"的花粉。就目前来看，培养花药是为了让花粉发育成植株的最广泛采用的方法。

知识小链接

虽然花粉能够长成一棵完整的植株，但是并不是所有的花粉都能在人工培养的基础上发育成植株，例如拥有三核花粉的植物，就很少能够在人工培养基上发芽，禾本科、石竹目和菊科等植物的花粉是其中的代表。而拥有二核花粉的植物则在琼脂上或一定浓度的蔗糖溶液上，能够很容易发芽，其代表是玉兰、含羞草以及白桦等花粉。

Part2 第二章

海带 繁殖的秘笈

海带是我们日常生活中经常能够吃到的食物，海带是海水中生长最快、最大型的植物之一。你知道海带能够如此迅速繁殖的秘笈是什么吗？

海带，又名马兰、海草、海白菜、昆布等，其中昆布这个别名只有在海带入药的时候才会使用。海带属于褐藻门植物，是褐藻的一种，它的整个身体都是褐色的。我们平时吃海带的时候，通常会把它切成一段段的，看不见海带的根。其实，自然状态下的海带是有根的，只不过是假根，而这些叉状分枝的假根组成海带的基部固着器。海带的柄部呈粗短的圆柱

知识小链接

虽然海带在入药时叫昆布，但是实际上，昆布和海带并不是"亲兄弟"。因为在植物学上，海带和昆布是有严格区别标准的。二者均属于海带目，海带是普遍的名称，但是我们日常说的海带，是指海带科下的海带属，而昆布则属于翅藻科的一属，因此，昆布与海带并不是"亲兄弟"，反而更像是"堂兄弟"的关系。

❖ 海带

形，扁形带状的"叶片"生长在柄的上面，这些"叶片"并不是真正的叶子，而只是类似于叶片的"叶状体"。叶片的中央有两条平行的浅沟，中间厚两边薄，两边有像浪一样的皱褶形波纹。

海带属于冷水性海藻，它生长环境所需的生长温度比较低，2℃~7℃之间是最适宜的生长温度。海带是一种有明显世代交替的植物，而其繁殖方式则是无性繁殖，并且一年内会出现两次，分别出现在初夏和秋季，这就是海带能够大量并且快速繁殖的秘笈。

❖ 海带

海带进行无性繁殖，主要是依靠"叶状体"上的棒状单室孢子囊，这些孢子囊在"叶片"上无限大量地生长出来，当数量达到一定程度的时候，就聚集成为暗褐色的孢子囊群，这些孢子囊不规则地出现在"叶片"的两面。

那么，这些孢子囊又是怎么发育成海带的呢？原因很简单，就是这些孢子囊中的孢子不是静止不动的，而是属于游动孢子。它们之间会主动靠近，一起游动到适宜生长的基质边，并附着在这些基质上。这些附着在基质上的孢子有分枝为雄配子体或圆形细胞的雌配子体，雌配子体能够产生卵囊，而且囊内含有一个卵。囊中的卵成熟之后，会被排出卵囊，但还会附着

❖ 海带

在卵囊的顶部。当精子随水漂游至卵囊的时候，与这些在囊顶部的卵结合成合子，而这些合子能够分裂并产生幼孢子体。目前，海带的养成方式是海上养成和人工养成两种。

Part2 第二章

有**感情**的植物

人是有感情的生物，在这么多不同种类的生物中，除了人以外，很多平时静止在那里的植物，竟然也是有感情的，也有喜怒哀乐。

有时候，我们会跟植物说话，植物扮演的是一个聆听者的角色，不会回应我们。可是，你知道吗？植物在听了我们的话之后，它自己本身也会做出反应，只是我们不知道而已。这听起来似乎有点匪夷所思，但有实验证明植物能够听得懂我们所说的话，并且听完之后是会有情绪反应的。

龙血树

在一次偶然的机会下，从事测谎检查工作的巴克斯特发现龙血树身上出现了兴奋的反应，这个兴奋的反应跟人兴奋时的反应是一样的。因而，巴克斯特开始着手研究植物是否也是有感情的。

❖ 龙血树

为了得到答案，他用龙血树的叶子做了一个实验。首先，他接上测谎仪，把龙血树的叶子浸泡在热咖啡中，这时测谎仪没有什么反应。然后，巴克斯特开始想烧掉那片连着测谎仪的叶子，这时，测谎仪的指针快速摆动，龙血

树的叶子有相当激烈的反应，而当巴克斯特假
装要烧叶子的时候，测谎仪反而变得平静了。
实验结束后，巴克斯特猜想植物是有感
情的。

巴克斯特为了证明自己的这个猜想
是正确的，于是利用多种植物，在实验
室里做了多次实验，最后，巴克斯特的
这个猜想得到了证实，最终有了"植物也
有感情"这个结论，而且还将这个结论命
名为"巴克斯特效应"。

❖ 龙血树

巴克斯特的实验证明了植物是有感情的，而
苏联学者维克多·普什金的实验有了进一步的发现，在"巴克斯特效应"的
基础上，发现了植物还能够察觉人的情感，而且对人是有感觉的。维克多利
用多种植物与诉说着不同事情的人一起做了实验，实验发现，植物在听诉说
者诉说自己的悲伤或者高兴的事时，不仅会用叶子做出反应，还在脑电仪上
出现了与人相似的图像反应。

不仅巴克斯特和维克多对植物做了这
方面的研究，在加尔各答总统大学从
事植物感情研究的物理教授博斯，也用
植物做了实验，还把实验结果汇总并出
版了一本名为《植物的感应》的书。在
这本书里面，博斯提到了植物的反应跟金
属与肌肉对压力的反应是十分相似的，并
查明了植物与动物的肌肉一样，对连续的
刺激，植物也是会感到"疲劳"的。

虽然在这些实验中，实验者都证明了
自己的猜想是正确的，但是，面对这样的
实验结果，许多人是抱着看笑话的心情

❖ 龙血树

的，他们认为这些实验都是可笑的。然而，对于这一系列的实验现象，不同领域的科学家们有不同的看法。站在植物解剖学的角度来看，植物是没有感情的，因为植物体内不存在任何的神经组织；而站在化学反应的角度来看，植物是有感情的，因为当植物受到外界的刺激之后，体内会产生电信号，从而引发相应的化学反应，而这些化学反应是植物的感情基础，这些化学反应能够导致植物对刺激做出反应。

知识小链接

出版了《植物的感应》这一书后，博斯仍继续研究，他对装置进行了进一步的改进，并且将植物组织的生长放大 1000 万倍。后来，在接受《科学美国》杂志的采访时，他谈道："如果利用这个装置，不超过 15 分钟就能证明植物会对肥料、电流等各种刺激做出反应。"

虽然在有的领域和实验中，证明了植物是有感情的，但是植物是否真的存在感情，还有待科学进一步考证。

Part2 第二章

植物**出汗**之谜

清晨，叶子上的小水珠折射着阳光，我们通常会称这些小水珠为露珠，因为我们认为这些露珠是由小水滴聚集而成的，但实际上并不是这样，你会相信这些"露珠"有的是植物的汗吗？

的确！这些"露珠"有的是植物的汗。很多叶子的最末端都会有"露珠"，而且常常会往下掉。这些"露珠"滑落之后，过了一段时间，叶尖位置又会重新出现"露珠"，这些"露珠"到了一定的体积之后，就会顺着叶尖往下掉，这样的现象会重复出现。而这些"露珠"出现的时候，并不是布满整个叶子，而是一滴一滴地连续出现，显然这些水珠并不是真正的露珠，因为真正的露珠是应该布满整片叶子的。所以，这些水珠是植物的汗。

❖ 露珠

植物为什么会出汗呢？让我们来解开这个神奇之谜。原来在植物叶子的末端或者是边缘会有一种小孔，这种小孔就是解开这个谜团的关键。原来这种小孔是和植物体内运输水分和无机盐的管道相通的，植物们会通过这个小孔把体内多余的水分排到外面。这种小孔被称为水孔。

可是，在炎炎夏日，为什么动物们会流

❖ 露珠

很多的汗，而植物的叶子反而不流汗了呢？这又是植物出汗之谜的另一个谜团。在温度高的时候，动物会通过排汗而降低自身的温度。在这个时候，其实植物也会出汗，可是植物的叶子出的汗并没有人类多，因而在出了一点汗之后，就会被蒸发。所以，温度高的时候，植物也是会出汗的，只是出的汗在水孔位置积聚成水珠前，就被蒸发了，因而我们就看不到叶尖有水珠积聚的现象了。

知识小链接

植物的吐水现象在农作物中最为常见，主要是水稻、小麦、高粱、玉米等禾本科植物，以及柳树等乔木。在夏天的时候，它们体内累积了较多的水分，为了保持自身的水分不过剩，就会将多余的水分通过水孔排出体外，以达到自身水分的平衡。而最奇特的吐水现象则是出现在木本植物上，甚至有一种木本植物，出现吐水现象时，就像在哭泣一样，一直滴个不停，还被人们称为"哭泣树"。

在温度高的时候，叶尖没有水珠积聚，但是这也有例外的情况，就是在温度十分高的时候。在植物所在的环境中温度高到一个程度，而且湿度也很大，高温会促进植物根部的吸收，这使得植物体内积聚很多水，累积到植物体内承受不了的程度时，植物只好通过叶子上唯一用于排水的水孔，把体内过多的水排到体外。这种现象被称为"吐水现象"，通常会在盛夏的清晨出现。

总的来说，植物出汗是为了将体内在新陈代谢过程中所产生的过多的水分排出体外。通过水孔进行排泄是其中的一种方法，植物还会用蒸腾这种方法，这种方法主要是让水通过蒸发排出，但速度慢而且所蒸发的水分较少，因而我们用肉眼难以看见。

❖ 露珠

Part2 第二章

灵敏的植物

你能想象得到一棵静立的草，可在一瞬间吃掉一只正在飞行着的昆虫吗？植物的体内究竟蕴含了什么神奇的力量呢？

实际上，并不是所有植物都是静止不动的，也不是我们想象的那么安静。在众多的植物中，有的植物有着极其灵敏的触觉，可以在一瞬间改变形态。我们最熟悉的这样的植物应该是含羞草，如果用手触碰这种草，它就会立刻缩成一团，因而被称为含羞草。含羞草最早生长在婆罗洲雨林，还被当地的居民称为"痒痒草"。在 20 世纪 60 年代，美国的大学对含羞草做过研究，研究结果表明，导致含羞草出现这种行为的原因是钙能迅速地进入含羞草的细胞里。

含羞草的反应速度是十分迅速的，而一般来说，植物在被抚摸 30 分钟之后，植物体内便生成使其体内钙含量提高的蛋白质，当钙含量提高到一定程度时，则会使一种被称为钙调蛋白的物质增加，这种物质的增加使得植物自身有一种受保护感，而且会使得植物变得更加坚硬。因为当植物在被抚摸的时候，觉得自身是被风雨击打着，

> **知识小链接**
>
> 捕蝇草被称为植物界的肉食植物，触觉极其灵敏，当感受到有猎物在其范围之内时，就会迅速地闭合叶片，捕食昆虫。捕蝇草不仅捕食苍蝇，还捕食各种其能装下的昆虫。因此，它很受人类的欢迎，人们常会在阳台或者窗台种植捕蝇草，不但可以观赏，还可以捕捉蚊、蝇，一举两得。

◆ 含羞草

这样做能够保护自己。

植物的这种本能保护反应，不仅使植物能保护自身，还能使人类从中受益。菜农们利用了植物的这种触觉反应，当他们将温室中的幼苗移植到露天之前，他们都会拍打幼苗，使幼苗的茎部变得更加坚实。但是这种方法对想增产的菜农来说，并没有多大的益处。因为植物被不断触摸，会使得它们把更多的能量用于强化茎部，这样反而使得植物少生长，最多可能少生长 1/3。

❖ 含羞草

有实验表明，在无风环境下生长的玉米的产量比在有风环境下的产量要高许多，可高达 40%。这是因为玉米秆在被风吹拂时，其触觉使得其产生让玉米秆更加坚硬的蛋白质，从而会减少对玉米穗的营养供给，最终使得玉米减产。

种种事例证明植物拥有灵敏的触觉，在 17 个不同科中，约有 1000 多种植物是有触觉的。这些触觉反应能力多半是从植物的祖先细菌那里遗传而来的，因为细菌本身可以通过微弱的电信号对刺激行为做出反应，所以这些植物有此能力也就不难理解了。

❖ 含羞草

Part2 第二章

植物的"媒人"

在花丛中有勤劳的小蜜蜂，你知道这些勤劳的小蜜蜂除了采蜜之外，还是花儿们的"媒人"，而花儿们除了小蜜蜂这些"媒人"之外，还有哪些"媒人"呢？

植物开花结果，这是我们日常生活中最常见的，也认为是理所当然的事。但是，你知道吗？这些花儿能结成果实，是需要"媒人"的帮助的，没有了"媒人"传播花粉，花儿是不能结出果实和种子的。

花儿有三大"媒人"，最常见的"媒人"是昆虫。花儿们通常会用香味和其鲜艳的颜色来吸引昆虫们，这些依靠昆虫进行花粉传播的花被称为虫媒花。这些虫媒花虽然颜色都很美丽，而且也能发出诱人的香气，但是光靠这两样"武器"是不够的，还需要给昆虫们尝尝甜头，就是提供花蜜，这样才能吸引更多的昆虫为它们服务。勤劳的小蜜蜂们就是其中的佼佼者，很受花儿们的欢迎，蜜蜂们在采蜜的同时又能帮助传播花粉。但是，花儿们为每一只昆虫提供的花蜜

❖ 巨魔芋

❖ 大王花

❖ 大王花

量是有限的，因为如果花蜜被一只昆虫采完之后，那么后来的昆虫就不愿意在这朵花上逗留，使得花儿自身的授粉效率大大下降。

这些惹昆虫们喜欢的虫媒花，其实并不是全部都是惹人喜欢的，因为有的虫媒花竟然是恶臭冲天的。这些奇臭无比的虫媒花，也有一群臭味相投的昆虫喜欢，这些昆虫也为这些"臭花"传播花粉。植物界的两大"臭花"——大王花和巨魔芋，虽然它们身上散发着腐肉般的恶臭，但苍蝇们却最喜欢亲近它们，为它们传播花粉。

如果说昆虫会根据自己的喜好为花传播花粉，那么最无私的"媒人"就要数"风"了。因为风常常为一些没有昆虫停留的花儿们传播花粉，这些花儿们通常都是没有艳丽的颜

❖ 巨魔芋

色、诱人的香气和香甜的花蜜，而且它们的花粉为了配合风的传播方式，已经进化成又轻又小，并且数量很多的花丝了。这些依靠风力进行花粉传播的花儿，被称为风媒花，风媒花进行花粉传播的时候，花粉就会随着风漫天飞舞，到别处生长。

花儿们的第三个"媒人"就是我们常见的水，水是最奇特的"媒人"。水这个"媒人"

❖ 蒲公英

通常会出现在水生植物中，在它们之间帮助它们进行花粉的传播。这些利用水的力量进行花粉传播的花被称为水媒花。水媒花会将细长的花粉散落到水面上，利用水的流动，把这些花粉送到雌蕊上，完成传粉。

昆虫、风、水就是花儿们传播花粉的三大"媒人"，除了这三种传播媒介，还有很多花儿的"媒人"。在众多的花儿的"媒人"中，鸟是最特殊的"媒人"，因而在花的家族里，还有一种鸟媒花，小鸟在花中吸食花蜜的同时也为花传播花粉，与虫媒花的传粉方法相类似。

花儿们众多传播花粉的手段，让我们不禁感叹大自然的神奇和植物自身为了生存而产生的智慧，花儿用其独特的方式延续着美丽的传奇。

知识小链接

有一种生活在地中海的很奇特的水媒花，是一种水生草本植物，这种植物叫作枯草。但这种植物是雌雄异株的，利用水的力量传播的并不是花粉而是花序上的苞片，这些苞片脱离花轴在水中飘荡，使得雌花和雄花在水中相遇，雌蕊的柱头和雄蕊接触之后，才会进行花粉的传播。完成传粉之后，雌花会闭合而且蜷曲花柄，把子房放回水中，让其在水中结出果实。

Part2 第二章

不怕冷的植物

在严寒的冬天，有的植物依然精神抖擞，让寒风吹拂着身上那些绿油油的叶子。这些不怕冷的植物，它的耐寒秘诀是什么呢？

这些耐寒的植物有着惊人的耐寒能力，是因为它们有自己独特的生存方法，就是紧贴着地面生长，存储生长的能量。柳树和生长在北冰洋的"勿忘我"草，它们在寒冬的时候就是运用这种方法的。柳树不再高高在上，不让柳叶落在地面而是让柳叶尽量贴近地面；而"勿忘我"就把自己紧缩成一团，就像人类在寒冷的时候会紧缩成一团一样，用这样的方法存储能量，使得自己在严寒中还能保存能量。

但这两个方法还不是植物用来抵抗严寒的最厉害的方法，它们的抗寒绝招就是睡眠。在寒冬中，植物会像一些需要冬眠的动物一样一直沉睡。沉睡使得植物的新陈代谢受到抑制，不再进行生长

知识小链接

常青藤原产于欧洲，通常作为观赏类植物，不但环境的适应能力十分强，而且耐寒能力也非常强。这种耐寒植物可种植在室内外，既可点缀环境，也可以提高环境的空气质量。常春藤的茎部和根部还能入药，对消除疼痛有很好的药效。常春藤是耐寒植物中观赏性较强，而且具有较高药用价值的植物。

❖ 柳树

❖ 柳树

活动，从而减少了能量的消耗，并把这些能量存储起来。虽然在寒冷中，植物会减少新陈代谢，但是茎叶的蒸腾作用仍较强，在较强的蒸腾作用下，植物体内的含水量就会降低，从而使得细胞液的浓度增加。细胞液的浓度增加会使得细胞不易结冰，从而增加了植物的抗寒能力。除了植物的茎叶会产生细胞液浓度增加的这种现象之外，植物体内蛋白质里的淀粉在酶的作用下，水解成了可溶性的氨基酸和糖类，也可以使得植物体内细胞液的浓度增加，同样可以起到降低细胞的结冰率，增加植物抗寒能力的作用。

植物有着这样出色的抗寒能力，还有自身的因素影响着。植物体内有两种不同的水分：一种是普通水，另一种则是"结合水"，这些"结合水"从其本质上来说，跟普通水没有太大的区别，只是"结合水"体内的排列顺序比普通水来得井然有序，普通水的分子排列比较没有次序，到处流动。除了分子的排列顺序不同，它们还有很

❖ 勿忘我

大的不同就是沸点和结冰点的不同，普通水在100℃就能沸腾，而"结合水"则需要在100℃以上；普通水在0℃就能结冰，而"结合水"则需要在0℃以下。因此，在寒冬的时候，植物体内的普通水相对于"结合水"来说，它的活动量就会减少，而且植物的水分在结晶之后，植物就无法进行很大部分的生理活动，植物的耗能就会减少，从而使植物变得更加耐寒。

❖ 勿忘我

植物通过接近地面生长、紧缩身体、睡眠，还有利用自身有利的因素，使得自己在寒冷中仍能无畏无惧，屹立在寒风中。

❖ 勿忘我

■ Part2 第二章

"好色"的植物

鲜红的番茄、绿油油的小草，每一种植物都有属于自己的一种颜色。这些植物展现给我们的这种颜色是它最喜欢的吗？还是这只是随机出现在植物身上的颜色呢？

其实，植物像人类一样有它自己喜欢的颜色，而且也会根据自己喜欢的颜色而做出不同的表现。但是它们与人类不同的是，当植物遇到自己讨厌的颜色的时候，会害怕这些颜色，把原来用在根部的能量，转移到增加自己的高度和果实产量上，使得自身看起来更加强大。而植物遇到自己喜欢的颜色的时候，就会做出相反的反应，它们生长的速度会变得慢一些，因为它们觉得自己处于一个安逸舒适的环境。

人们对植物的"好色"性做了很多研究，而且把研究结果利用在增

> **知识小链接**
>
> 色彩丰富的植物们，不仅"好色"，还会奉献自己的颜色。在植物中，有的植物可以作为染料植物，通常分为草本植物和木本植物。不同的分类标准，有不同的分类结果。按化学结构分类，可分为胡萝卜素类、黄酮类、醌类、多酚类、栗树皮二酮类、吲哚类、生物碱类、叶绿素类。而按染色性质分类，则分成还原型、直染型、媒染型和直染等。

❖ 西红柿

加植物的产量方面。现在，蔬菜通常都会在塑料大棚内种植，这是农民们常用的种植方法。而不同颜色的塑料薄膜的大棚里，植物的果实产量是存在着差异的。塑料大棚里的塑料薄膜通常会使用黑色的，但是使用黑色薄膜的效果远低于使用红色薄膜，因为植物体内的光敏色素蛋白可以识别某

❖ 马铃薯

些波长的光的强度，特别是"远红外光"。这种红外光能使植物产生危机感，因为植物的叶子所反射的光能让其他植物看到，从而使得其他植物产生一种被包围感。这种危机感使得植物认为自己处于一个十分危险的环境里，植物为了摆脱这样的环境争取生存条件，它会把本来用于生长根部的营养，用在生长果实和增加自己的高度这两个方面。

不同颜色的塑料薄膜的恰当运用可以使得植物的生长呈现不同的状态，而塑料薄膜与宽薄模板的结合更能使植物生长得更好。在这两种材料的结合之下，可以使色彩反射到植物身上，而植物的产量和体积将会增加。西红柿、马铃薯以及胡椒等蔬菜在塑料大棚里能长得更加肥硕就是运用了这种原理。

不同类型彩色薄膜，对叶子中酒精、脂肪和碳水化合物等物质含量的影响是不同的，而且对植株免受害虫和化学物质侵害的作用大小也是存在着差异的。黑色塑料薄膜会使植物的体积变小，而且还会降低植物叶面的蜡含量，但是有研究发现，黑色的塑料薄膜却能使其他抗害防虫细胞的生长加快。

❖ 马铃薯

塑料薄膜的颜色还会影响植物果实的味道，利用有色薄膜种植出来的植物的风味确实与众不同。肯塔基州立大学的乔治·安东尼厄斯以芜菁为例做了一系列的研究。在研究中，乔治·安东尼厄斯分别用蓝色、白色和绿色薄膜种植芜菁，再把这些种植出来的芜菁给试验者进行蒙眼试吃。试吃结束之后，大部分试验者都说用蓝色薄膜种植出来的芜菁口味"很刺激"，而绿色薄膜则使芜菁口味"柔和"，"几乎有一种甜味"，用白色薄膜种出来的芜菁则味道很淡。

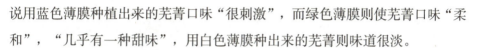
❖ 芜菁

从总体上来说，塑料薄膜的颜色对植物的生长起着不同程度的作用，而植物的这种"好色"性具有多面性的作用。生物学家们已开始研究植物的这种"好色"性，这样的研究不仅有利于提高植物的种植质量，还发展形成了一门新学科——"光生物学"。

❖ 西红柿

■ Part2 第二章

植物营养含量的秘密

> 同种食物可以有很多不同的颜色，或深或浅，而颜色的深浅不同，食物的营养含量也是不同的，你知道其中的奥秘吗？

植物中有各种不同的色素，而这些色素都具有相当高的营养价值，其中抗氧化作用是最为强大的，而抗氧化作用的强弱与植物颜色的深浅有关。以豆子为例，有研究通过测定多种不同豆子的种皮颜色、子叶颜色、总多酚等多个项目，以研究豆子的颜色与其中所含的保健成分之间的关系。研究结果表明，同种豆子中豆子的颜色越深，豆子中所含的多酚类物质就越多。这些多酚类物质是决定植物抗氧化性质的。因此，多酚类物质越多，植物的抗氧化性质就越强。色素高的植物不仅营养价值高、健康，其抗病性还更强。

知识小链接

就植物来说，颜色越深营养价值含量也就越高，但是肉类的颜色越浅，其营养价值越高，与植物相反。在肉类中，颜色的排序由淡到深依次是：鱼、鸡、鸭、蛋、羊、牛、猪肉。其中猪肉的颜色在肉类中被认为是较深的，因此，在日常生活中，不宜吃过多的猪肉，以减少患病的概率。

植物颜色越深所含营养含量就越高，这个定律广泛地存在于蔬菜和水果当中。蔬菜和水果在我们日常生活中被认为是最富有营养的食物，不但品种众多，而且有着各种不同的颜色，颜色最深的蔬菜和水果，其营养价

❖ 茄子

值和保健特性都是最高的。例如紫色茄子的营养价值高于浅绿色的茄子，绿色菜花的健康价值比白色的菜花要高很多。紫色葡萄营养价值高于绿色葡萄，还有黄桃高于白桃，红樱桃高于黄樱桃，等等。

我们知道了这个定律之后，可以运用在日常生活中，挑选食材的时候，可以根据食材颜色深浅而进行挑选，例如挑选芝麻时，选黑芝麻。我们每天吃的白米的抗氧化能力和营养价值其实远远不如黑米高，但是黑米的产量远低于白米，因而我们常食用的是白米。

❖ 葡萄

❖ 茄子

■ Part2 第二章

植物会自卫吗

在1993年，在美国东北部的橡树林里发生了一件很神奇的事，橡树叶子被大量繁衍的舞毒蛾啃个精光，但是在第二年，这个地区的舞毒蛾竟然销声匿迹，而且还是橡树自己让它们消失的，这是为什么呢？

其实，这个舞毒蛾消失事件实际上是橡树自卫的一个结果，因为橡树叶子中含有单宁物质，如果大量食入这种单宁物质，动物不仅会感到浑身不舒服，而且行动也会迟缓很多。这种物质在橡树叶子中的含量一般来说并不高，但是在舞毒蛾肆意吃橡树叶子的时候，橡树感到自身正遭遇着很大的灾难，于是在树叶中大量产生这种单宁物质，使得舞毒蛾食用之后，变得行动呆滞甚至会病死。橡树通过增加自身的有害物质的含量，使得自身免遭灭顶之灾。

如同橡树这样的自卫方式，在美国还发生了一起相类似的事件。1980年，在阿

知识小链接

日本京都大学的研究人员曾做过利用转基因技术，将青椒合成香味酶的基因导入十字花科的拟南芥中，当转基因后的拟南芥被菜粉蝶的幼虫啃食叶片时，就会发出更加强烈的清香，这股清香会引来菜粉蝶的天敌粉蝶盘绒茧蜂，然后把卵产在幼虫上，卵孵化后会把菜粉蝶幼虫吃完。这种运用植物自然气味的除虫法，如果技术成熟，运用在农业中，可以减少农药的使用量。

❖ 橡树

拉斯加原始森林里，野兔的数量剧增，森林里大量的树木被啃食，差点遭遇灭顶之灾。人们为了使森林逃过这个灾难，想方设法地捕捉野兔，可惜的是，野兔的数量实在是太多，人们捕获的野兔很少。在人们束手无策的时候，野兔们突然集体生病，

❖ 橡树

而且数量还在不断减少，最后在森林中消失得无影无踪。这是因为森林里的树木使用了使野兔消失的绝招，就是在被野兔啃食之后新生长出来的芽和叶中，产生一种化学物质——萜烯。这种物质不仅可以使野兔们生病，还可以发出引诱野兔们的香气，使得野兔们都来吃这些含萜烯的枝叶。最后，野兔们消失了，森林保护了自己，免去了灾难。

植物们自卫的战术，还有植物"自卫三部曲"，当植物遇到害虫攻击的时候，它会分三种不同的强度来对付它的敌人。第一步，植物会对敌人发出警告，让敌人自己离开。当植物受到害虫的攻击时，植物就会分泌出害虫厌恶的气体，这种气体同时也是给其他植物的一种警示，因此，其他健康的植物闻到这种气体的时候，自身也会发出类似的气体，使得害虫知难而退。

这种让害虫知难而退的方法是植物自卫术中最平和的方法，而在第二步中，植物采用了具有攻击性的方法，就是引诱害虫的天敌到自己身上，然后让害虫的天敌将害虫消灭。利马豆在受到红叶螨攻击时就会使用这种自卫方法。红叶螨攻击利马豆的同时，利马豆就会马上释放出一组

❖ 利马豆

包含甲水杨酯的化学物质，这种化学物质能引来食肉螨，把红叶螨吃掉。在第三步，植物是在第二步的基础上进行自卫的，请植物的"盟友"前来帮忙。植物们的最佳"盟友"就非黄蜂莫属了。黄蜂在棉花幼苗向它发出信号的时候，就会马上去帮忙，把在棉花幼苗身上的烟青虫吃

❖ 棉花

个干净，但是黄蜂只吃它喜欢吃的烟青虫，而在棉花幼苗身上的其他虫子，它是不会理会的；当玉米向黄蜂发出信号的时候，黄蜂也会很快赶到，而且这是一种寄生性的黄蜂，这种黄蜂以很快的速度在玉米的害虫身上产卵，这些卵孵化出来以后会吃掉害虫。这是植物"自卫三部曲"中的最后一步，也是最凶狠的一步。

植物自身发出的绿色香气是植物自我防卫的最好武器，而植物产生有害物质迫使敌人消失，是极端的自卫手段。无论植物使用何种手段，都只是它们为了生存而使用的自卫方式。

❖ 橡树

煤炭的形成

AOMEITAN DE XINGCHENG

在日常生活中，煤炭是最常见的燃料，我们都知道煤炭是由早期植物形成的，但是不是所有的树木都能形成煤炭呢？

煤炭是植物的活化石，因为煤是由一定地质年代生长的植物在空气稀少或者没有的条件下，并且在地下高温高压的作用下发生变质，从而逐渐堆积成厚层，在漫长的地质作用后，天然地煤化而成现在的煤。

产生煤的数量最多的地质时期分别是石炭纪、二叠纪、侏罗纪和第三纪，在不同的地质时期，形成煤炭的树木是不一样的。从石炭纪早期到二叠纪晚期这两个地质时期，科达目植物的高大乔木是造煤的主要植物之一。科达目的树高大而且直，树冠的分枝多，叶子为单生，呈带形或舌形，而且叶脉很多，并在叶子的基部形成很多的分叉，树叶在枝上呈螺旋状排列。在退化了的叶子的短枝顶部有孢子叶穗的生长，这种孢子叶穗呈细长状，其身上有花粉粒，由于孢子叶穗属于单性，但并不是全部

知识小链接

在中侏罗纪，我国新疆的准格尔盆地自然条件优越，十分适宜蕨类、裸子植物等植物的生长，经过了漫长的岁月后，这里形成了许多煤层，使得准格尔盆地成为中国重要的煤炭产地。因而在这里的煤田最深处最常见的就是蕨类和裸子植物化石。

❖ 松柏

都是雌雄同株，也有异株的，因而花粉粒的传播需要风的帮忙。而孢子叶穗的种子的形状与花粉粒相似都是呈扁平状，但种子有具翅。

❖ 苏铁纲代表物种之一：苏铁

到了二叠纪晚期，被认为是种子蕨后裔的科达目植物基本灭绝，被科达目的后裔——银杏植物和松柏类植物所取代，因而到了侏罗纪和白垩纪早期这两个地质时期，在北半球有大片的松柏类植物，这些植物的遗体大量地堆积，最后形成了煤，也就使得松柏树木成为了在侏罗纪和白垩纪早期煤的主要形成树木。

在我国西北、东北和华北地区的侏罗纪到早白垩纪的煤层中，发现了大量的松柏类植物的木材遗体。研究发现，中国北方地区即以昆仑、秦岭、大别山一线以北，早、中侏罗纪的植物群以真蕨纲和银杏纲为主，同时楔叶纲、苏铁纲和松柏纲的含量也十分丰富。真蕨纲和银杏纲的植物都具有分异度特点，因而被认为是主要的造煤植物。

无论造煤树木有多少的差异，现在煤的存量都是有限的，因为煤的形成需要经过漫长的沉积，所以要适度开采煤炭。

Part2 第二章

植物史上的大浩劫

冬暖夏凉，万物在一个温暖和谐的环境里生长着，但是你能想象在亿万年前，大半个地球被冰雪覆盖着的景象吗？这个时期的植物又遭遇着什么样的浩劫呢？

在第四纪冰川时期，植物遭遇到了植物史上最大的浩劫，被冰层覆盖着的地方，植物难以生存。在这个时期，全球的冰川面积达 3800×10^4 平方千米，年平均气温比正常情况下低 $10\,^{\circ}\mathrm{C}$ 以上，而且全球气温还在不断地下降当中，使得全新世的气温相当于更新世的一个间冰期。因而在高纬度地区出现大片的冰川。在第四纪冰川时期的冰期温度比间冰期的温度要低 $6\sim10\,^{\circ}\mathrm{C}$，而在北寒带更是低了 $50\sim60\,^{\circ}\mathrm{C}$。大片冰川的出现使得全球的海平面下降了 $100\sim150$ 米，在间冰期，气温回升，冰川开始融化，海平面才开始上升。

在第四纪冰川时期，植物遭遇到灭顶之灾，因为北极的冰川开始向南流动，同时北美和欧亚的植物也开始向南移动，植物的生长被冰川阻碍并

知识小链接

在第四纪出现之前，地球上还没有人类的存在，人类是在第四纪的时候出现并且迅速发展起来，因此，第四纪也被称为"人类时代"。

❖ 红杉

覆盖着，使得植物在冻土层中死去。在这一次的灾难中，仅有部分植物因不同的因素而幸存下来。例如在北美和东亚山脉的植物，那里的山脉多为纵向，植物沿着山脉南移，没有与流动的冰川相遇，因此避过了灾难。因而现在在北美有第三纪的孑遗植物，如巨杉、红杉、落羽杉等。在我国的南方也出现了同样的情况，保有第三纪孑遗植物，银杏、银杉及水杉、水松等，它们都是这场灾难中的幸存者和见证者。

❖ 落羽杉

第四纪冰川时期是地球发展史中的一个重要时期，出现了新的地层划分方法，新的构造运动的发生，生物进化发生很大的变化，以及人类出现等。虽然第四纪冰川时期是植物面临大浩劫的时期，但同时也为地球带来了新的变化和发展。

❖ 水松

Part2 第二章

植物奇怪的名字

我们有属于自己的名字，同样，植物们也有属于自己的名字。但植物们是不知道自己叫什么名字的，植物们的名字都是人类给它们取的，你知道它们有哪些有趣的名字吗？下面就以我国为例，探究一下植物名字的由来。

植物有不同的名称，这些名称是什么时候有的呢？人们最初是利用树枝和树叶给植物命名的，因当时还没有文字，所以在甲骨文出现前命名的植物名称并没有流传下来。直到有了甲骨文之后，中国才开始用文字把植物的名称记录下来。

人们对植物使用的命名方式和规律又是什么呢？人们通常是根据自己对这种植物的普通感受，和对这种植物的性质的认识，来进行选择性地描述。一般来说，人们会从植物的特征方面着手给它们命名，大概有形状、颜色、气味、滋味、质地、功能等多个不同的方面。随着植物名称命名的细致和深入，植物的名称逐渐成为了汉语词汇中的一个大类，并且通过研究植物的命名规律，我们不仅可以得知汉语命名的特点，还可以

知识小链接

植物的名称还有以传说来命名的，例如相思树和相思木等，而以在传说中出现的"龙"和"凤"来命名是最多的，以"龙"命名的有龙舌草、龙角葱和龙手藤等，以"凤"命名的有凤仙花、金凤花以及凤尾草等。

❖ 福建柏

了解到人类一般的思维模式是什么。

在植物的名称中，以植物的产地为命名方式的占较大的比例。例如由黄山独特地貌、气候而形成的一种中国松树的变体，这种在黄山上的松树，就被命名为黄山松。江南桤木、福建柏、新疆杨和西藏红豆杉等都是用这种方法命名的。

❖ 黄山松

除了产地还有以方位和国名作为命名的方式，如西河柳、南方红豆杉和东北杏等都是以植物所在的方位进行命名的。而意大利杨和巴西橡胶等是以国家名称为命名的方式。

除了以上三种命名方式之外，还有各种奇特的命名方式，金银花以矿物命名，香蕉以气味命名，皂荚以日用品命名，五味子以数字命名，豆腐柴以食品命名，白杨以颜色命名等，可谓命名方式各异，但都十分地贴近生活和植物自身的特征。

❖ 黄山松

Part2 第二章

无籽西瓜的秘密

在炎热的夏天，如果能吃上一块冰镇西瓜，那真是太享受了！我们现在吃的西瓜大部分都是有籽的，而有的西瓜是无籽的，你知道这些无籽西瓜是怎样产生的吗？

西瓜是属于葫芦科的草本植物，外表都是碧绿色的，而且上面有白色的纹路。西瓜有十分悠久的培植历史，早在4000年前，埃及人就开始种植西瓜，因此，西瓜最早是产于非洲的。逐渐地，西瓜的种植地区开始扩大，首先是到了地中海沿岸，再从地中海沿岸传至北欧内陆，然后由北欧内陆南下，西瓜的种植传入中东等地区。而我国的西瓜是从西域传入的，因是从西域传进来的瓜所以得名"西瓜"。有考古专家在我国河姆渡新石器时代的遗址和汉代遗址中，发现了淡黄色的西瓜籽，因而有人认为我国也有原产的西瓜，但这只是薄弱的证据，想要证实，还需要进一步的证据。

原产国和其他传入国的西瓜在最开始的

知识小链接

西瓜不仅可以吃，还有很多不同的用途。西瓜汁除了香甜，是解暑解渴的圣品之外，还可以解酒，对于治疗口疮、肾炎浮肿、糖尿病、黄疸等也很有帮助。西瓜皮不但可以制成果脯，如果把西瓜皮晒干，再磨成细末加上香油，还能治烫伤和烧伤。有籽西瓜里的西瓜籽也是一个宝，除了可以炒成瓜子吃之外，西瓜籽内含丰富的蛋白质，还有清润肠道的功效。

❖ 西瓜

时候都是有籽的，而现在却有无籽西瓜，而且在全球的范围内生产得越来越多。究竟人类对西瓜做了什么，把这些原本在它们身体里面的籽，通通变没了呢？要解开这个魔法的秘诀，就要从最早产生的无籽西瓜说起了。

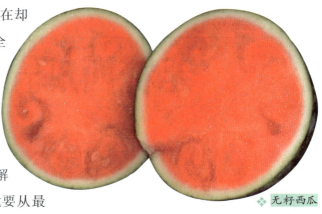

❖ 无籽西瓜

在 1947 年，日本培养出世界上最早的无籽西瓜，并且在 1949 年投入生产。无籽西瓜的汁液甜且多，受到了很多人的欢迎。

要培养这种无籽西瓜，主要是运用诱变法。有籽西瓜是二倍体植物，而无籽西瓜是三倍体植物。在培养三倍体西瓜之前，要先选择优秀的二倍体的西瓜，再由人工诱变成四倍体。把这个成功诱导出来的四倍体的西瓜作为母体，再把二倍体西瓜作为父本，然后二者进行杂交制种，在这样的操作下，我们就能得到三倍体种子，就能长出无籽西瓜的种子了。

在种植无籽西瓜的时候，同时也要种植有籽西瓜，因为三倍体的无籽西瓜本身的染色体配对紊乱，不能产生正常的生殖细胞，花粉的发育也不良好，需要二倍体的有籽西瓜从旁协助，作为授粉植株，帮忙授粉，这样才能使结出来的无籽西瓜更结实。

原来有籽西瓜就是被施了这种诱变魔法，才产生了无籽西瓜的。人类科技的进步，使我们的生活变得多美好啊！

❖ 无籽西瓜

Part2 第二章

植物的**婚配嫁娶**

人们到了适婚年龄就会寻找配偶结婚，通常会有结婚仪式，那么植物也结婚吗，它们结婚也是有仪式的吗？让我们一起来看一下植物们是如何进行婚配嫁娶的。

在植物界，并不是所有植物都会结婚，正如人类一样，不是每一个人都会结婚。这些不结婚的植物，是因为它们没有寻找配偶的需要，能够自花授粉，即在一朵花中，自己能够完成授粉，无须配偶的帮忙。

"自花授粉"的植物不需要寻找配偶，而大部分"异花授粉"的植物就十分需要配偶。它们需要配偶的原因很简单就是为了完成受精，而它们的择偶条件也很简单，就是能够与自己完成受精的同种植物就行了。

需要配偶的植物大致可以分为三种，分别是雌雄同株或雌雄异株的植物、不能保证自花授粉的植物和雄雌蕊与花柱的长度是互补的。

在第一种情况中，由于植物雌蕊和

知识小链接

不同植物间能不能"结婚"并且产生新的植物品种呢？一般来说，不同的物种之间具有生殖隔离，不同的物种之间即使授粉也不能完成受精过程，或即使完成了受精作用产生了子代，但子代无生育能力。但这也有个别例外，有些植物因亲缘关系很近，相互授粉后，也能产生新的植物。

◆ 雌蕊植物

雄蕊并不是长在同一处，是分开的，如果是在同一株植物上，雌蕊和雄蕊长在不同的花朵上，这称作雌雄同株，而雌蕊和雄蕊不在同一株植物上，这称作雌雄异株。无论是雌雄同株还是雌雄异株，都是依靠异花授粉来完成受精的，而完成受精的前提条件是找到外来的配偶。

❖ 雄蕊植物

而第二种情况则是，虽然这类型植物有自花授粉的条件，但是由于某种因素的影响，不能稳定地进行自花授粉，从而需要找配偶。这类型的植物通常是因为雄蕊和雌蕊不同时成熟，如果某一方先成熟，它并不会等待另一方成熟，而是与另一植株成熟了的柱头进行婚配。

出现第三种情况的植物，通常是因为自己的花粉不能落到自己的雌蕊上，最常见的原因是花柱的长度不一样。如果是因为花柱的长度不一样，植物们自己会想出补救的方法。例如有的花是蕊的花柱长，而雄蕊是短的，又有的花蕊花是花柱短，而雄蕊是长的。如果是这样的情况，花蕊和花柱会选择跟自己高度相近的配偶，最后形成长雄蕊相配长花柱的柱头，而短雄蕊则与短花柱的柱头进行相配。

在神奇的大自然里，植物们还有许多寻找配偶的方法。虽然我们不知道植物们在婚嫁时有没有结婚仪式，但是我们可以肯定的是大部分植物也是要婚配嫁娶的。

❖ 雄蕊植物

第三章
植物之最

在植物的世界里，有最高的树，也有最矮的树，有寿命最长的树和种子，也有寿命最短的树和种子，有最重的树木，也有最轻的树木。除了这些树木之外，还有世界上最长寿的植物，世界上最短命的植物，世界上最粗的植物等。

让我们一起去认识认识这些植物之最，看看在这些植物中，有多少种植物是我们认识的，又或是我们以前就认识，但并不知道它是如此厉害的。

Part3 第三篇

树之最

在高山上的植物长不高，那么在哪里的树能长得高呢？在世界上，最高的树和最矮的树是什么树呢？它们又是生长在哪里的呢？

在高山地区，不仅气温低而且空气稀薄，在阳光直射的同时又有大风吹着，使得植物难以长高。因此，要适应高山这种比较恶劣的生长环境，只有那些矮小的植物才能办得到。在这些矮小的植物中，世界上最矮的树其忍耐力应该是最强的。矮柳就是世界上最矮的树，但是这种柳树跟我们平时所见到的柳叶飘飘的柳树是不同的，它的茎在地面上匍匐着，从枝条上长出跟柳树一样的花序，但是并没有普通的柳树的花序长，仅有 5 厘米的高度。比一种绰号为"老勿大"的小灌木植物还要矮的紫金牛，常作为盆景，在它长得最高的时候也只有 30 厘米。矮柳与之相比果真是世界上最矮的树。

这种生长在高山冻土中的矮柳，

❖ 矮柳

◆ 杏仁桉树

在北极地区竟然有跟它高度相仿的树，这种矮个子树被称为矮北极桦，在北极圈附近的高山上就能看见，也是一种生长在高山，而且长不高的树。据说在生长矮北极桦的附近生长的蘑菇也比其高。可见，矮柳的好朋友矮北极桦也是名副其实的"矮"。

在世界上，有最矮的树，当然就会有最高的树。世界上最高的树是不会出现在高山上的，它是出现在气候条件宜人的澳洲。生长在澳洲的杏仁桉树是现今为止，在被人类测过高度的树木之中是最高的。这种树一般有 100 米高，而其中最高的一棵则高达 156 米，从树底往上看。简直看不到云层，树干可谓是直插云霄，如果有小鸟在树顶上唱歌，在树底下根本就难以听清，小鸟的歌声比蚊子的声音还要小。

在我国云南也有一种长得十分高的树，虽然高度比不上杏仁桉树，但也是树中的高个儿，这种树叫作望天树。闻其名就知道它是一种长得很高的树木品种。望天树一般能长到 50 多米，更有甚者能长到 80 米。望天树现在主要生活在云南西双版纳热带密林中，被列为我国的一级保护植物。

无论是世界上最矮的树，还是世界上最高的树，都是树中之最，都在为我们的地球增添一份绿色，让地球变得更美丽。

Part3 第三章

寿命最长和最短的种子

植物种子的寿命有多长呢？有的植物种子经过几千年还能发芽，但有的种子才形成了几个小时就已经死亡了。在世界上，寿命最长和寿命最短的种子分别是什么种子呢？

在埃及发生了这样一个骗局，奸商利用金字塔里发现的千年小麦种子，欺骗人们说这些有上千年历史的种子还能够发芽，许多人因此而受骗。实际上，在世界上存活了千年的种子是真实存在的，但并不是奸商们口中的小麦种子，而是在中国出土的古莲子。古莲子被认为是世界上最长寿的种子，因为它在地底下沉睡了千年，却还能发芽并且开出莲花。在 1951 年，人们在辽宁省普兰店泡子屯村的泥炭层里发现了沉睡了千年的古莲子，除去古莲子的硬壳，泡在水里不久之后，竟然发芽了，还开出了粉红色的荷花。

这在地底下沉睡了千年的古莲子竟然还

知识小链接

世界上寿命最短的种子，有着你意想不到的顽强生命力。梭梭树能够适应沙漠的严酷环境，它的种子也一样可以，只要给一点水，梭梭树的种子就会在短短的两三个小时之内发芽，并且能在沙漠中存活下来，长大成树。世界上寿命最短的种子——梭梭树的种子简直是让我们见证了生命的奇迹，不得不让我们敬佩它顽强的生存精神。

❖ 古莲子

能活下来，那么它能如此长寿的秘诀是什么呢？古莲子能如此长寿首先离不开其自身的有利因素，它不仅在最外面有坚硬的硬壳保护着，还有其自身有利于贮藏的构造。最重要的是，古莲子在离开了自己的母亲之后，凭着自身的毅力，自力更生，并发挥其自身存在的有利因素，这就是古莲子成为最长寿种子的秘诀了。

❖ 古莲子

　　世界上最长寿的种子能够存活千年，而世界上寿命最短的种子又能存活多久呢？答案是几个小时。寿命如此短的种子就是梭梭树的种子，如果不及时使它发芽，在短短的几个小时之内它就会死亡，无法发芽长成树木。

❖ 梭梭树

Part3 第三章

世界上资格最老的种子植物

在人类社会中，我们会尊重那些辈分高、资格老的前辈，而在众多的种子植物中，资格最老、辈分最高的是谁呢？

在现在存活着的种子植物中，资格最老而且辈分最高的是以中国为故乡的银杏树，虽然银杏树不是寿命最长的种子植物，但它最早出现在 3.45 亿年前的石炭纪，经历了侏罗纪、白垩纪和第四纪冰川等地质时期后，仍能存活下来，被称为植物界的"活化石"。在中生代侏罗纪，银杏在北半球广泛存在，但是在第四季冰川运动之后，银杏树只有在中国存活下来，而在其他地区已经销声匿迹了，所以，现在国外的银杏树都是直接或间接从中国引进的。因此，中国成了植物"活化石"银杏树的故乡，并且中国银杏树的种植面积和产量在全球都是居于首位的。

了解了银杏树出生的秘密之后，让我们更深入地了解一下它。银杏树的叶子呈纸折扇状，它的枝叶里有抗虫毒素，可以抵

> **知识小链接**
>
> 银杏树的种子银杏有多种用途，而银杏树当然不能让银杏比下去。银杏树不需要做任何事情，只要站着就已经在发挥着它的作用了，树形优美的银杏树发挥着观赏的作用，树上翠绿的树叶能为街道增添一丝绿色，绿化环境，净化空气等，还成为防风林带最理想的种植植物之一。银杏树还作为木材被应用于建筑、家具以及雕刻等多个方面。

❖ 银杏树的叶子

御害虫的攻击。银杏树的种子成熟之后，外形很像杏。因而被称为银杏。银杏在还没有完全成熟前，最外层的皮并不是橙黄色的，而是白色的，所以银杏也有另外一个名字叫"白果"。银杏树的种子银杏对于我们来说，可能会有些陌生，但是银杏的种仁对于我们来说就并不陌生，银杏的种仁可以制成干果，吃起来口感和味道都很好，受到人们的喜爱，但是不能多吃银杏的种仁，因为吃多了会有中毒的危险。银杏的种仁除了可以吃之外，还可以入药，对医治痰喘和咳嗽等有效果。

❖ 银杏树的叶子

❖ 银杏树

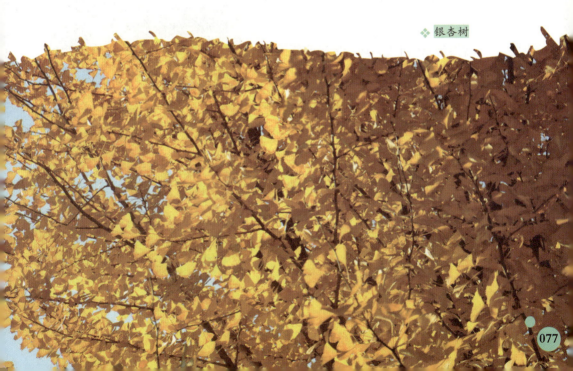

绿色植物的始祖

绿油油的小草、郁郁葱葱的树……地球上有各种各样的绿色植物，但你知道这些绿色植物的祖先是谁吗？你能想象到这些绿色植物的祖先其实是很细小的吗？

根据地质研究，最早出现的绿色植物的化石是蓝藻类化石，并且这个蓝藻类化石还证明了地球在 34 亿年前就已经有生命存在。因此，蓝藻就是绿色植物的祖先。别看蓝藻的身体小小的，经过了几亿年甚至是几十亿年的进化，它已经进化发展成了今天各种各样的绿色植物。

蓝藻是原核生物，属于低等的藻类。蓝藻又叫粘藻，是因为大多数蓝藻的细胞壁外面都有胶质衣。蓝藻主要是包括篮球藻、颤藻、念珠藻和发菜，分为球藻纲和藻殖段纲这两个纲。蓝藻在全球范围内都有分布，主要是生活在淡水地区，很少生活在海水里。

在所有藻类植物甚至是在所有的绿色植物中，蓝藻是身体结构最原始，

知识小链接

作为绿色植物的祖先，蓝藻为地球做出了不可替代的贡献，而现在蓝藻的过度繁殖却给地球带来了灾害。在一些营养十分丰富的水域内，夏天的时候，蓝藻进行大量繁殖。这种无节制的繁殖，使得水面上形成了一层蓝绿色且有腥臭味的浮沫，这种现象被叫作"水华"，"水华"的发生会使得水中的鱼类因缺氧而大量死亡。

❖ 蓝藻

❖ 蓝藻

并且是最简单的一种，它的体内只有一个细胞，是单细胞生物，虽然没有细胞核，但是有类似于核的物质，这种没有核膜和核仁的物质，却同样具有核的功能，因此，蓝藻还被称作是原核或拟核生物。蓝藻体内没有细胞核，但是有一种特殊形状的质粒，就是环状 DNA。这种环状 DNA 在基因遗传过程中，担当着运载体的角色。

❖ 蓝藻

　　蓝藻的主要繁殖方式有两种，分别是营养繁殖和无性生殖。营养繁殖就是由细胞自己直接分裂而成，而无性繁殖则是蓝藻在自己体内，产生孢子或外生孢子而繁殖。

　　绿色植物的祖先蓝藻并不是绿色的，而是蓝色的，这是因为蓝藻体内含有一种特殊的蓝色色素。虽然蓝藻含有独特的蓝色色素，但并不是所有蓝藻都含叶绿素，不同的蓝藻所含的色素是不一样的，有的含有蓝藻叶黄素，有的含有胡萝卜素，也有的含有蓝藻藻红素。世界上，绿色植物也并不全部都是绿色的，因植物自身所含的色素不同，其所显示的颜色就不同。

Part3 第三章

世界上最轻和最重的树木

树木也会有体重？长得轻和长得重的树木，又有着什么不同呢？树木的轻重与树木的生长速度有着怎样的关系呢？

在植物王国里，树的体重是不一样的，就像人一样，每个人的体重都是不一样的。在人类世界，比较体重就是通过称出来的重量进行比较，而树木则是通过同体积水的重量，即每平方厘米所含水的重量来比较。长得轻的树木，每平方厘米的含水量低，长得重的则相反，这就是长得轻和长得重的树木之间的区别。

生长速度跟树木的轻重也是有关系的。树木越轻，它的生长速度就越快，因而这世界上生长速度最快的树木，就是这世界上最轻的树木，这种树木的名字叫作巴沙木。巴沙木生长在美洲的热带森林里，四季常青，而且长得十分高大，它的叶子形状跟梧桐很相似，而长出来由五片黄白色的花瓣形成的花则像芙蓉花，结出来的果实裂开之后，样子却很像木棉花。这种世界上最轻的树木，在中国也

❖ 巴沙木

有引进，主要是在沿海地区生长。

巴沙木也被称作轻木，不仅生长速度快，由它生产出来的木材也有很多用途。轻木的木材十分坚固，在从前就常被用作制作独木舟的材

❖ 用黑黄檀做成的家具

料。轻木的木材还有隔热和隔音的功能，被广泛应用于航海、航空等方面，我国还把这种木材用来制作保温瓶的木塞。轻木在台湾的种植量最多。

世界上最轻的树木是巴沙木，而世界上最重的树木则是被我国列入国家二级重点保护野生植物的黑黄檀。这是一种蝶形花科落叶乔木，树皮很厚，呈现着褐灰色至土黄色。经过专业测量，每立方米黑黄檀的重量能够达到1000多千克，因而成为最重的树。

黑黄檀有细密且黑的木纹，看起来十分像黑色的大理石，并且具有不变形、不开裂等优点，因而

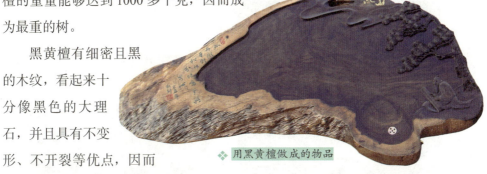
❖ 用黑黄檀做成的物品

主要用于制作高级乐器、精美工艺品和名贵家具等。但是由于黑黄檀的产量有限，十分珍贵，因此用其制成的成品也是十分有限和珍贵的。

Part3 第三章

寿命最短的植物

世界上最长寿的种子能活上千年，而最短命的植物种子却活不过几个小时，那世界上最短命的植物又是什么呢？是由最短命的种子发芽而长成的吗？

在植物的世界，有可以活好几千年的长寿植物，也有只能活几个月，甚至几个星期的短命植物。在这些短命植物中，以瓦松、木贼和短命菊这三种植物为代表，分别只有一个雨季、两三个月和一个月不到的寿命，犹如昙花一现，很快就从这个美丽的世界消失。让我们来认识一下这三种短命的植物分别是来自哪里，又有着

> **知识小链接**
>
> 短命菊一生只开一次花，而且是开花最快的植物。那么其他植物的开花情况又是怎么样的呢？草本植物和木本植物是不一样的，一般来说，草本植物在长出新苗之后，会在当年开花或者是隔年才开花，而木本植物的开花时间，比草本植物的开花时间要慢许多，有的需要几年才开花，更有的是经过了好几十年才开一次花。

什么独特的生长习性呢？

在这三种最短命的植物中，瓦松是最长命的一种，但瓦松其实并不是松树，而是一种在瓦房顶生长的草。这种草的生命大概就只有一个雨季的时间。

❖ 瓦松

❖ 木贼

在雨季开始的时候，就马上拼命发芽，以极快的速度生长成植株，然后一刻也不停息，接着直接开花结果。在这么短暂的生命里，瓦松完成了繁殖后代的任务。从发芽到繁育后代，瓦松仅仅用了一个雨季的时间，因为当雨季结束的时候，它的生命也结束了。

木贼生长在非洲沙漠，它的生命时间比只有一个雨季的生存时间的瓦松还要短，它的存活期最多不超过三个月，也就只有两三个月的生存时间。它跟瓦松一样，生长过程中的每一步，都在十分迅速地进行，没有半点拖拉。因为木贼生活在沙漠中，极少有降雨的日子，所以，一旦有降雨，在十分钟之内就会迅速发芽，十个小时之后就在地面上长出一株小木贼。

世界上寿命最短的植物同样也是生活在沙漠里的。这个植物界的"短命鬼"就是生长在非洲的撒哈拉大沙漠的短命菊，它的整个生命周期不超过一个月。短命菊，又叫"齿子草"，是一种属于菊科的植物。短命菊

❖ 木贼

却与众不同，它形成了迅速生长和成熟的特殊习性。短命菊整个一生的生命周期，只有短短的三四个星期，从发芽到开花结果，到生命的完结，只用了不到一个月的时间就完成了。可以说是潇洒走一回。

Part3 第三章

世界上长得最慢的树

世界上所有生物的生长速度都不一样，植物的生长速度当然也不例外。但是，它们之间生长速度却存在着很大的差异，你知道世界上生长速度最慢的是哪一种树吗？

在认识世界上生长速度最慢的树之前，让我们先来认识一下，世界上生长速度最快的植物，对比了这两种植物的生长速度之后，你就会诧异这世界上怎么能有长得这么慢的树。

❖ 轻木

知识小链接

在生长速度快的树木之中，团花树也是其中之一，它被称为"奇迹之树"和"宝石之树"。团花树是一种亚热带树种，属于茜草科的团花属，喜欢在阳光充足的地方生长。它的生长速度很快，一年就能增长3米左右，木材产量很高，是一种十分适合用于人工造林的树木。

在植物界中，生长速度很快的树有不少，其中以团花树和轻木的生长速度最为有名，但是这两种树木的生长速度都比不上毛竹。毛竹的生长速度只能用惊人来表达，虽然它的生长速度十分快，但是它很有个性，并不追求无限地长高，当它长到与竹笋节数一样时，就会放

弃生长，不再长高，即使过了几十年甚至上百年，也还是原来的那个高度。毛竹最高可以生长到 20 米或以上，它从出笋之后到长成 20 米高的竹子，只需要短短的两个月的时间。在这段期间，长得最快的时候，一天就能够长高一米。

而树木中生长速度最慢的植物是尔威兹加树。这种树的生长速度十分缓慢，要长高到 30 米需要 100 年的时间，这生长速度真是慢得令人无法想象。

❖ 毛竹

尔威兹加树的生长速度为什么会这么慢呢？是它的本性如此还是受到外部环境的影响呢？其实，这两者都是其原因。尔威兹加树本身很懒，不是每刻都在努力生长，它是有休眠期的。在它身上的花朵都凋零之后，它就会进入休眠期，暂停生长活动，到第二年开花的时候，才会继续生长。为什么尔威兹加树在花落之后要进入休眠期呢？这是因为它身上的花是"花开百日而不衰"，为了维持这些花的盛放，尔威兹加树不停地给花输送养分，几乎不把养分用于生长。当花凋零的时候，尔威兹加树身上的养分也几乎耗尽，所以，它只好睡觉了。

❖ 团花树

❖ 尔威兹加树

　　而另外一个原因是它的生存环境，尔威兹加树生长在喀拉哈里沙漠，这个既干旱又炎热的沙漠，满足不了尔威兹加树生长所需的养分。不仅这样，在沙漠中有狂风，使得尔威兹加树的生存环境变得更加恶劣。当所有的因素综合起来出现在尔威兹加树身上时，其生长速度肯定是要慢下来。因此，尔威兹加树的生长速度也就十分缓慢了。

世界上最粗的植物

在植物界，有着各种各样的植物，这些植物的高低各不同，粗细也是不相同的，其中也不乏长得比较巨大的树木。那么你知道世界上最粗的植物是什么吗？

世界上最粗的植物是被称为非洲大胖子树的猴面包树，还是生长在北美的直径达 12 米的"世界爷"呢？这两种树木与生长在地中海西西里岛埃特纳火山山坡上的、世界上最粗的植物——百骑大栗树相比，就是小儿科了。

"百骑大栗树"因为是欧洲的乡土树种，所以它的正式名称叫欧洲栗，又叫甜栗或者"百马树"等。之所以它叫"百骑大栗树"这个名字，背后是有一个美丽的传说。中世纪时，西班牙的阿拉贡王国曾一度是西西里岛的统治者。有一年，阿拉贡王带了百名随从骑马来到埃特纳火山脚下，突然遭遇到大雨，附近又没有可以避雨的房屋。这时，国王看到不远处有一片"小树林"，他就带着手下向那片"小树林"疾驰。但是，当他们到达了这片"小树林"时，

❖ 百骑大栗树

才发现这并不是什么树林，只是一株巨大的栗树而已。但是，这棵栗树不同于其他树木，其树干十分粗壮，并且树冠枝繁叶茂，就像是一把天然巨伞一样，足以遮住阿拉贡王和他手下的百余名骑手。就是因为这一次与阿拉贡王的"巧遇"，这株护驾有功的栗树，从此便出了名，被誉为"百骑大栗树"。

"百骑大栗树"在许多年前，还不是世界上最粗的植物。因为据1972年对"百骑大栗树"的测量，其树干周长50.9米，在世界上最粗的三棵树中，"百骑大栗树"只暂居第二。它成为世界上最粗的植物是近几年的事，以微弱的优势超过墨西哥东部瓦哈卡州的一棵墨西哥落羽杉和非洲大陆上的一棵猴面包树，跃居第一位。这两棵树是在1985年版的《吉尼斯世界纪录大全》中，记载为超过"百骑大栗树"的树，并且是世界上最粗的三棵树中的两棵。

❖ 猴面包树

Part3 第三章

世界上树冠最大的树

常言道，独木不成林。可在神奇的自然界，竟然有即使是独木也可以成林的树。这是一种什么样的树呢？为什么会拥有这么神奇的力量呢？

在自然界，唯一可以"独木成林"的树木就是榕树，这是因为榕树是世界上树冠最大的树。我们在日常看到的榕树，其树冠十分大，在夏天的时候，我们常常会在榕树下乘凉。而在孟加拉国的热带雨林中，生长着一棵大榕树，它的树冠比我们日常所见的要大很多。在这棵大榕树下，发生过一件令人惊叹的事，就是曾经有一支几千人的军队在树下乘凉，这是因为巨大的树冠在阳光下的投影面积竟有 1 万平方米之多。

这棵大榕树的树冠长得这么大的秘诀是什么呢？这就要从这棵大榕树的整体进行剖析，树枝从上向下生长且垂挂着四千多条"气根"，这些"气根"成熟落地，这些悬垂的"气根"能从潮湿的空气中吸收水分。当这些"气根"入土之后，就会变成"支柱根"，即作为支撑整棵榕树的根。这些"支柱根"不仅起到了支撑榕树的作用，还加强了大树从土壤中吸取水分和无机盐的作用。郁郁葱葱的榕

◆ 榕树

❖ 榕树

树冠，加上成千上万的"气根"与"支柱根"互相交错，形成遮天蔽日、独木成林的奇观。这个不但是这棵大榕树的树冠能够长得这么大的秘诀，也是榕树能够"独木成林"的奥秘。

见识了榕树家族里树冠最大的榕树，让我们来更深入地认识一下榕树家族。榕树是桑科榕属植物的总称，是热带植物区系中最大的木本树种之一，主要是指孟加拉榕树或印度榕树。它拥有热带雨林树木的特征，如板根、支柱根、绞杀、老茎生花并且结果等，这些特征同时反映了热带雨林的重要特征。其中绞杀现象是榕属植物在东南亚热带雨林中的一个特殊现象，而从绞杀阶段向独立大树过渡转变时期，形成了热带雨林中"独木成林"的奇特景观。

拥有世界上最大树冠的榕树，喜欢高温多雨的气候，因而目前主要是分布在热带地区，特别是在热带雨林地区，而在我国则主要分布在云南和西双版纳这两个地区。在全球范围内，榕树的种类达八百多种，我国境内也有一百多种，并且以云南和西双版纳这两个地区的种类最多，分别有67种和44种榕树。

在具有众多不同榕树种类的西双版纳，榕树不仅是作乘凉、观赏等用途，还可以入药，是重要的民族药用植物，其根、树

知识小链接

虽然在我国没有如孟加拉国那棵大榕树般大的榕树，但是在我国广东新会县环城乡的天马河边，有一株树冠的覆盖面积约为一万平方米的古榕树。由于这棵古榕树有这么大的树冠，人们都很喜欢到树下乘凉，这棵榕树能够容纳好几百个前来乘凉的人。

皮、叶和树浆等均能入药，具有治疗疾病的效用。例如气根具有发汗、清热、透疹等功效，常被用于治疗感冒高热和风湿骨病等，而榕树的叶则具有清热、解毒、化湿等功效，常被用于治疗流行性感冒和急性肠炎等。

榕树除了可以入药，治疗多种疾病，也可以作为野生蔬菜食用，有保持身体健康等作用。其实，榕树也是野生食物的重要来源，榕属中的聚果榕、突脉榕、黄葛榕、苹果榕、厚皮榕、高榕，以及木瓜榕等，在当地都是被视为是蔬菜的榕树。很多傣族人认为常吃榕树的嫩枝叶，不仅有利于身体健康，还有助于延年益寿。傣族人之所以这样认为，这是因为榕树是木本植物，木本野生蔬菜不但富含丰富的维生素、矿物质，并且含有助于人体消化的纤维素和苦味素。

身上都是宝的榕树，也常用在园林的绿化中，其中榕属中的一些种类，已经成为重要的园林观赏树种。虽然榕树是拥有世界上最大树冠的树，但是榕属中也有较为小巧的树，可以作为盆景种植。

❖ 榕树

Part3 第三章

世界上最长寿的树

从树的年轮我们可以知道树的年纪。有的树的寿命比人类的要长很多，在自然界中，有不少的树能活到四千多岁，例如红杉、猴面包树、澳大利亚桉树等，更有甚者能活到五千多岁，但是，这些都不是植物界中寿命最长的树。那么，哪一种树才是世界上寿命最长的树呢？

这种世界上寿命最长的树是偶然被发现的，因为树的年轮是需要截开了树才能看得到的。而这棵植物界的"老寿星"正巧在一场大风暴中，被折断了主干，同时，也正巧有著名的地理学家在非洲俄尔他岛考察，即这棵树的所在地。这位地理学家通过数它树干断裂处的年轮，知道了这棵"老寿星"树的准确年龄，其年龄竟然是八千多岁，是至今发现的年龄最大的树，也是年龄最大的植物。

这种世界上寿命最长的树，就是原产于非洲西部加那利群岛的龙血树。龙血树之所以叫这个名字，是因为龙血树受伤之后会流出一种红色的液体。这种红色的液体，在龙血树原产地的传说里，被认为是龙血，而龙血树则是在巨龙与大象交战的时候，在被鲜血染红的大地上生长出来的。这个传说就是龙血

❖ 龙血树

树名字的由来。

其实，龙血树是属于龙舌兰科的植物，百合科的乔木，又名马骡蔗树、狭叶龙血树、长花龙血树。它的生长速度十分缓慢，要长成一棵树至少需要几百年的时间，如果要看龙血树开一次花，那么就要等上好几十年的时间。以缓慢的速度在生长的龙血树，在目前，已经成为了珍稀树种，其中海南龙血树和柬埔寨龙血树，即岩棕，更是国家二级保护濒危种类。在全球范围内有150多种，在我国南方的热带雨林中仅有五种。

一般树木，在被损伤之后，所流出的树液是无色透明的，或者是乳白色的，而龙血树身上流出来的却是血色液体。实际上，这些血色液体是龙血树呈暗红色的树脂，这种血色树脂，如入药其药名是"血竭"或"麒麟竭"，药用效果与云南白药齐名，并且是著名药品"七厘散"的主要成分。虽然不是龙流出来的血液，但确实是一种名贵的中药材，不仅可以外用，也

❖ 龙血树

可以内用，具有治疗筋骨疼痛的效用，更被李时珍在《本草纲目》中誉为"活血圣药"。龙血树的树脂不但可以入药，也可以作为防腐剂，在古代，龙血树的树脂是用来保藏尸体的重要原料，可以减缓尸体的腐烂速度。

Part3 第三章

世界上最甜的植物

在日常生活中，我们需要摄入适量的糖分，而我们食用的糖，通常都是从甘蔗和甜菜中提取的。这些植物中的糖的甜度是不一样的，你知道世界上最甜的植物是什么吗？

世界上最甜的植物被称为"世界甜王"，但是这个"世界甜王"的位置并不是固定的。最甜的植物随着人类的不断深入探索植物世界，也随之发生变化。人们能发现越来越多的更好、更甜的糖源植物，是因为他们想找到可以代替甘蔗和甜菜等传统糖源植物的新型糖源植物。随着社会的日益发展，人们越来越注重个人的健康，而从甘蔗和甜菜中提取的传统食糖，被人们发现这种食糖不仅热量高，而且含有脂肪等容易使人"发福"的物质，摄入的量过多，甚至会有患糖尿病的风险。

为了找到新的、健康的糖源植物，科学家们做了很多调查。在 1969 年，又好又健康的糖源植物被找到了。这种植物的名字叫作甜叶菊，被誉为"健康长寿之糖"，是一种多年生草本菊科植物。它是一种野生植物，一般生长在海拔 500 ～ 1000 米的高山草地上。甜叶菊是在巴西和巴拉圭交界

❖ 甜叶菊

的高山草地上，最早被日本的住田哲也教授所发现，并被尝试由野生植物变为栽培植物，从而使得更多的人能够受益。住田哲也教授还用甜叶菊做了一个实验，实验的结果证明，甜叶菊不仅生长速度十分快速，而且产量也相当高。虽然甜叶菊比目前的食糖要甜 150～300 倍，但是甜叶菊糖的含热量只有传统食糖的 1/300。即使是食用的量超过了身体所需，也不会出现有害身体健康的情况。

知识小链接

卡坦菲属于竹竽科西非竹竽属，主要分布在塞拉利昂到扎伊尔的热带雨林中，是多年生草本植物。在一年之中，卡坦菲的大部分时间都是在开花，果实是呈三角形的肉质果。卡坦菲除了作为甜味剂外，还具有香味剂和除臭剂等潜在用途，从卡坦菲中可以提取西非竹竽素，制成结晶状后，具有消除酸味的效果。

即使甜叶菊是一种含糖量如此高的糖源植物，但它还不是最甜的植物。有一种叫凯特米的植物，生活在西非塞拉利昂到扎伊尔的热带雨林中，其体内含有一种叫作索马丁的物质，这种物质的甜度竟比传统食糖还要甜 3000 倍。科学家们把拥有这种物质的凯特米称作"世界甜王"。可是，凯特米是以这个头衔没多久，就被一种也是生长在热带雨林的植物，名字叫"西非竹芋"的草本植物夺走了，因为科学家们发现西非竹芋的果实甜度，足足比传统食糖高出 3 万倍，是凯特米体内索丁马的甜度的 10 倍。

当你还在惊叹西非竹芋惊人的甜度的时候，另一种甜度是传统食糖的 9 万倍的、生长在非洲的藤本植物被发现了。但是这种植物的名字没有被记录，是一种外形跟野生葡萄很像的浆果。在非洲定居的华人吃了这种甜度如此之高的浆果之后，不仅感叹于它的甜，还感叹于这种浆果独特的口感，

❖ 甜叶菊

给人一种喜出望外的感觉，因而这种没有名字的浆果，被当地华人取名为"喜出望外果"。

　　"世界甜王"的位置不断在被更换，那么现在的"世界甜王"是"喜出望外果"吗？早已不是了，如果知道了现在"世界甜王"的甜度是传统食糖的几十万倍之后，你肯定会觉得历代的"甜王"的甜度根本不算什么。因为目前的"世界甜王"——卡坦菲，科学家们可以从其体内提取"卡坦菲精"，这种"卡坦菲精"甜度是传统食糖的60万倍，接近于是"喜出望外果"甜度的7倍。

❖ 甜叶菊

❖ 甜叶菊

Part3 第三章

世界上最小和最大的种子

一颗小小的种子，竟然可以长成一棵白菜、一个西瓜等。在神奇的大自然的世界里，小小的种子蕴含着如此巨大的能量，而在种子家族里，最小的种子和最大的种子分别是哪种植物的呢？

在我们的日常生活中，所见到的种子大部分都是很小的，例如蔬菜的种子，多数是跟芝麻的体积差不多，甚至有的比芝麻还小很多。而芝麻自身的种子也是十分小，5万粒芝麻的种子，只有200克重。你也许会认为芝麻的种子是最小的种子，但其实不是，比芝麻的种子小的种子还有很多。例如烟草的种子，同样是5万粒的种子，仅有7克的重量；四季海棠的种子更是比芝麻和烟草的种子小得多，一粒四季海棠的种子重量是芝麻种子的千分之一，而5万粒四季海棠的种子也就仅有0.25克。

但是，这三种植物的种子都不是最小的种子，真正最小的种子如灰尘般，在风中吹着呢。因为这种植物的种子小得就像灰尘一样，即使是把5万粒种子放在一起，也不会觉得显眼，这5万粒种子的重量仅仅是同等数量的四季海棠的种子的十分之一，即0.025克。虽然这种植物的种子体积很小，但也能发育成植物。那么，这种身体如此渺小的种子究竟是属于什么植物的呢？

❖ 斑叶兰

知识小链接

由世界上最小的种子发育而成的斑叶兰，它的整个身体都能够入药。在《全国中草药汇编》中，有记载斑兰草的药用功能，其内服不仅有解毒消肿、止痛的功效，还有助于治肺结核、支气管炎，并具有清肺止咳的功效；敷则既可以治疗疖疮疡，又可以医治毒蛇咬伤。

这种植物就是斑叶兰，又叫小叶青、小青、麻叶青、银线莲、蕲蛇药等，它的种子是人类至今为止发现的最小的种子。斑叶兰的种子因为十分细小，外部只有一层薄薄的种皮，并且内部结构十分简单，所以生命力也相对弱一些，常常会在发芽的途中就死去。虽然斑叶兰种子的细小很容易使得自身夭折，但是也正因为它的细小，能够随风而飞，更易传播到其他地方，并且落地生根，因而现在世界上很多地方都有它的身影。虽然斑叶兰的种子很容易夭折，但是由于它的数量十分庞大，增加了发芽成功的概率。同时，繁衍后代这一目的，激发了斑叶兰的种子生物适应环境的这一特性，随风到了新的环境之后，能够发挥它随遇而安的特性。

我们见识了如尘埃般微小的种子，那世界上最大的种子又是怎么样的呢？会像苹果这么大吗？拥有世界上最大种子的植物就是复椰子。复椰子的种子不但有 10 千克的重量，而且它的身体竟然有 50 厘米长。

复椰子是棕榈科复椰子属的植物，又名双椰子、臀型椰子、海椰子。复椰子有"臀型椰子"这一个有趣的别名，是因为它奇特的外形，复椰子身体的中央部分有一个沟，看起来好像是两个椰子合起来一样，跟人类的臀部十分相似。另外，复椰子还有一个美丽的别名，就是"爱情之果"，这种叫法最早是出现在复椰子的原产地——塞舌尔共和国的普拉斯林和克瑞孜岛。塞舌尔人之所以将复椰子誉为"爱情之果"，是因为复椰子会为另一棵跟自己并排生长的异性复椰子

❖ 斑叶兰

"殉情而死"。难道复椰子树也像人类一样是有思想有感情的？实际上，是因为复椰子树本身有雌雄之分，并且常常并排在一起生长，其中一株被砍，另一株也会跟着死去。

❖ 复椰子

　　复椰子的种子的生命力，比世界上最小的种子斑叶兰的种子的生命力要强许多。但是，复椰子却是一种受保护的植物，并且大部分是在原产国生长，在其他非原产地的地区，难以看到其身影。这是为什么呢？这是因为复椰子的生长十分缓慢，使得其种子的产量十分低。复椰子要经历完开花、结果等过程，就要25~40年不等，在这么长的结果期里，很少有成熟的种子产生。就目前来说，在全世界范围内，每年仅能收获的成熟种子才1200粒左右；而且将复椰子视为国宝的非洲塞舌尔共和国，已经将复椰子的种子列入禁止出口的名单中，因而，现在要一睹复椰子树的风采，也是一件不容易的事。

Part3 第三章

被称为"**世界爷**"的巨杉

大约在七千万年前，有一种巨大的树木，其足迹几乎遍布了整个北半球。这种树木不仅树形巨大，而且长得很挺直，看上去给人一种高耸入云的感觉。这种树木就是被称为"世界爷"的巨杉，究竟它为什么会被称为"世界爷"呢？

虽然巨杉在七千万年前大量存在，但是经过第四季冰川的活动，巨杉也难逃浩劫，在地球上开始渐渐消失。渐渐地，巨杉几乎消失在我们的视线之中，当我们以为它已经灭绝的时候，在一百多年前，人们竟然在加利福尼亚州

知识小链接

在美国西部加利福尼亚州北部海岸的红杉国家公园中，巨杉有一个叫北美红杉的近亲，巨杉有相类似的别名——"长叶世界爷"。这个北美红杉跟巨杉有着许多相同之处，巨杉和红杉都长得很高大，最高大的红杉高约104米，直径6米多，跟普通巨杉的高度差不多，而且它们的树皮很厚，都有很强的抗病虫害和防火能力。

❖ 巨杉

的内华达山脉西坡，发现一些残存的巨杉。因而这些幸存下来的巨杉也成为了植物界的"活化石"，是极其珍贵的树木。

巨杉，又叫"世界爷"或"稀

❖ 巨杉

木"，也有人叫"猛玛树"或"加利福尼亚松"。巨杉有这么多的名字，它的命名过程也受到了许多争议。人们是在美国最先发现巨杉的，但是当时人们并不知道这种树的名字，因而没有给它命名。在 1859 年，英国人想用这棵树的名字来纪念在滑铁卢击败拿破仑的英军统帅威灵顿将军，因而将这棵还没有名字的树命名为"威灵顿巨树"。这时，最先发现这棵巨树的美国人，感到有一些不服气，于是将这棵树命名为"华盛顿巨树"。当大家都想让这棵巨树命名为自己想要的名字的时候，植物学家站出来讲话了。他们认为植物分类或命名是植物学家的工作，不仅是因为科学是无国界的，还因为植物学家是在了解了植物的特性后，才进行命名的，这样更符合植物的特性。因为巨杉树龄极长、体积最大、是地球上现存最大的单一有机体。最后，经过植物学家们的再三斟酌研究，决定把这棵巨树的名字改为"世界爷巨杉"，也就是我们常用的名称。

巨杉，属杉科，主要分布于美国加利福尼亚州内华达山脉西部，是常绿大乔木，树冠呈金字塔形，树皮是淡红棕色的，并且有深浅不一的沟，树枝是下垂的。树如其名，它长得十分高大，一般能长到 50~85 米，目前，在人们测量过的巨杉中，最高的有 142 米，而且树干最粗的部位直径达 12 米。目前在世界上现存最大的一棵巨杉，是

❖ 巨杉

内华达山红杉国家公园中的雪曼将军树，是世界公认的最大的巨杉，其高度超过 83 米，树干基部直径超过了 11 米。这棵雪曼将军树最厉害的地方不仅是最大的红杉，而且也是地球上尚存活着的最庞大的生物，是地球上最大的单一有机体。因为据目前的检测结果显示，这棵雪曼将军树的树龄至少已有 3200 岁了，也有可能达到了 4000 岁。

❖ 巨杉

虽然"世界爷"巨杉可以生存上千年，但是由于人们发现了它，并且在"世界爷"所在的地方进行开发。因此，在 19 世纪后半叶，许多经历了几千年沧桑的巨杉倒在了开发者的面前，甚至有几株比雪曼将军树还巨大的树也难逃厄运。这不但使雪曼将军树成为了世界上最大的杉树的原因，也是"世界爷"成为珍稀植物的人为影响因素。

❖ 巨杉

Part3 第三章

世界上最大的植物精子

在自然界，所有雄性生物都有不同于雌性生物的生殖细胞，这种雄性生殖细胞被称作精子。

精子存在生物的体内，并且精子的体积十分小，用肉眼是难以看得见的。你知道世界上最大的植物精子是属于哪一种植物的吗？

拥有世界上最大的精子的这种植物，它的名字常常出现在俗话里面，其中我们最熟悉的一句就是"铁树开花，哑巴说话"，用于比喻事物的艰难以及出现的可能性十分小。这句俗语中的铁树就是拥有世界上最大的植物精子的植物，它在植物学上的名称是苏铁，铁树是苏铁的别名，也是人们习惯性的叫法。苏铁之所以被称为铁树，有两种不同的说法：一种是认为苏铁在生长的时候需要大量的铁元素，如果将铁钉钉入其主干内，即使是命悬一线的苏铁也会起死回生；另一种说法则是苏铁的木材一入水，就会沉下去，像铁一样重。此外，苏铁还有很多不同的别名，例如凤尾蕉、避火蕉、凤尾松，等等。

❖ 苏铁顶部长着果包的形态

苏铁是一种常绿乔木，属于棕榈科木本植物。它很怕冷，并且不耐寒，喜欢在阳光充足而且温暖的环境里生长。苏铁的树形很好看，这是因为它独特的生长方

❖ 苏铁，左侧为雌花，右侧为雄花。

式，它的羽状复叶是从茎顶部生出来的，呈线形的小叶，在刚开始生长的时候，叶子会向内卷，渐渐地向上斜斜地展开，同时树叶的边缘会向下反卷，这使叶子呈现出"V"字形。苏铁叶子的叶质属于厚革质，摸上去很坚硬，看上去十分有光泽，其外形则是叶子的前端部分锐尖，叶背有很多锈色绒毛，基部小叶则呈刺状。苏铁作为观赏性的园林植物，多半是因为其这些美丽而独特的叶子。

对苏铁有了基本的了解之后，我们来深入了解一下苏铁的精子。首先，苏铁是裸子植物，没有花这一生殖器官，只有根、茎、叶和种子。但是奇怪的是，苏铁也会开花，但是开的这些"花"并不是真正的花，而是苏铁的种子。树龄在20年以上的苏铁，每年都能开"花"，因为苏铁是雌雄异株，所以，雌性植株和雄性植株所开的"花"是不一样的。从外形上看，雌球花呈扁圆形，花球的颜色为浅黄色，而雄球花则呈长椭圆形，花球的颜色是黄褐色。从生长的部位看，雌球花是紧贴着茎顶生长的，而雄球花是在青绿的羽叶之中挺立而长。雌球花和雄球花在各自的树上，呈现出不同的美，使雌、雄苏铁呈现出属于自己的美。

苏铁的"花"就是苏铁的种子，

知识小链接

苏铁原产于我国南部，是世界上生存最古老的植物之一，目前主要分布在印度尼西亚至我国南部和日本南部。苏铁一般是作为观赏植物而种植，也可以入药和食用。由于苏铁的种子有毒，误食会引起抽筋、呕吐、腹泻和出血等症状，并且它的种子和壳能诱发肿瘤，用皮下药也会诱发肿瘤，因而苏铁的入药部位只是叶，具有散瘀、止血，以及治疗尿血、便血等功效。

❖ 苏铁

苏铁的精子是植物界中最大的精子。虽然被称作是世界上最大的植物精子，但是如果要看清楚它，视力较好的人，才可以不需要借助放大镜而看得清。

因为整个精子的长度就只有 0.3 毫米，单凭肉眼很难看清。苏铁的精子的外形跟陀螺很相似，因为精子的前端生着数不清的鞭毛，这些鞭毛会排成一环一环的。精子在花粉管的液体内自由游动，遇到了雌花中的卵子，会与之结合并发育成胚胎，所有的苏铁都是从这样的小胚胎发育而成，随着时间的流逝，逐渐长成高大的苏铁。

❖ 苏铁精子，果叶形似狐尾，末端多硬刺，表面多绒毛。

Part3 第三章

沙漠中**最长寿**的植物

在干旱的沙漠中，只有少数的植物能够生存下来，大多数人认识的第一种沙漠植物应该就是仙人掌。可是，仙人掌并不是沙漠中最长寿的植物，那么，在沙漠中最长寿的植物究竟是谁呢？

能够在沙漠中存活下来的植物已经是非常了不起的了，在沙漠中，天气炎热，昼夜温差大，而且没有植物生长所需的充足的水分。如果能在沙漠中活上一千年，这种植物简直就是一个奇迹，这个活着的奇迹就生活在纳米布沙漠。纳米布沙漠世界上最古老、最干燥的沙漠之一，起始于安哥拉和纳米比亚边界，终止于奥兰治河。纳米布沙漠

知识小链接

作为沙漠中最长寿的植物，千岁兰的耐旱能力毋庸置疑。拥有在沙漠中生存能力的耐旱植物，为人类战胜沙漠提供了宝贵的植物资源。在自然界中，除了千岁兰，还有不少的耐旱植物，其中以在非洲撒哈拉大沙漠中生长的沙漠夹竹桃、在墨西哥和美国西南部生长的一种名为火火巴的树，最为耐旱，它们几乎都是在不毛之地生长。

❀ 千岁兰

可谓是一个不毛之地，荒凉的砂石平原，年均降雨量不足25毫米，有的时候甚至连一滴雨水也没有。不仅这样，这里每个月还会因为大西洋的风暴有五六天的浓雾天气。

在这样一个生存条件十分

艰苦卓绝的沙漠，竟然有一种植物能够如此坚忍不拔，活了上千年。这个沙漠中的"老寿星"就是千岁兰，也被称作千岁叶。千岁兰的名字里面有"千岁"两个字，是代表其很长寿，但并不代表所有的千岁兰都能够活到一千岁。一般的千岁兰在沙漠至少可以存活数十年或者是数百年，有寿命长的可以活数千年。千岁兰

❖ 千岁兰

之所以又被叫作千岁叶，是因为千岁兰身上长了一对皮革般的带状叶子，这两片叶子从千岁兰出生开始，就一直伴随着它，并且一辈子都不凋零，除非千岁兰生命终止了，这两片叶子才会凋谢。在漫长的生命历程中，虽然千岁兰的两片叶子在砂石地上不断磨损，但是叶的基部仍然在不断生长，用来补充叶缘的损失。在干旱的沙漠中，千岁兰的叶子常常会因为缺水而枯萎，使得原本宽厚的叶子变成一堆破布条的样子，在远处看，就像是一只只在沙滩上爬行的大章鱼，因此，人们也叫千岁兰为"沙漠章鱼"。

❖ 千岁兰

千岁兰属裸子植物门，买麻藤纲，千岁兰科中唯一的一种植物。千岁兰的生存方式很奇特，它的根是一部分深深扎入砂石中，而另外一部分则裸露在地表上，并不像一般植物的根全部都深埋在地下。千岁兰的外形跟松树球果相似，也跟绿色花卉有相似点，在开花时候，许多穗状花序在茎顶部边缘上生出，而千岁兰最特别的地方就是，它的头顶长有像枸杞一样的红果，为沙漠增添了异彩。从外形上来看，我们看不出这种千岁兰有什么特

别之处，那么千岁兰能够活上千年的秘诀究竟是什么呢？

❖ 千岁兰

千岁兰能够成为沙漠中最长寿的植物，它的第一个秘诀就是独特的新陈代谢方式。在白天的时候，千岁兰的叶子上的气孔是完全闭合的，以防止水分的流失，到了晚上，在完全黑暗的条件下，千岁兰的叶片还能够固定二氧化碳，减少水分的消耗。另一个秘诀则是一辈子都不换住所，在自然界，大部分植物都可能被人类搬离家园，种植到其他远离原产地的地区。但是千岁兰是不能被人类搬家的，它从出生到死亡都得在同一个地方，如果强行搬家，它就会自己了结生命。

难道千岁兰是对它所出生的沙漠特别有感情？不是的，是因为它那胡萝卜状的肉质直根，特别不耐移栽。千岁兰的根如此脆弱，以至于不仅千岁兰自己无法离开纳米布沙漠，还使得许多其他地方的植物学工作者，也无法见到真正活着的千岁兰。所以，想见到千岁兰的真身，你只有来到非洲西南沿海纳米布及安哥拉的沙漠。

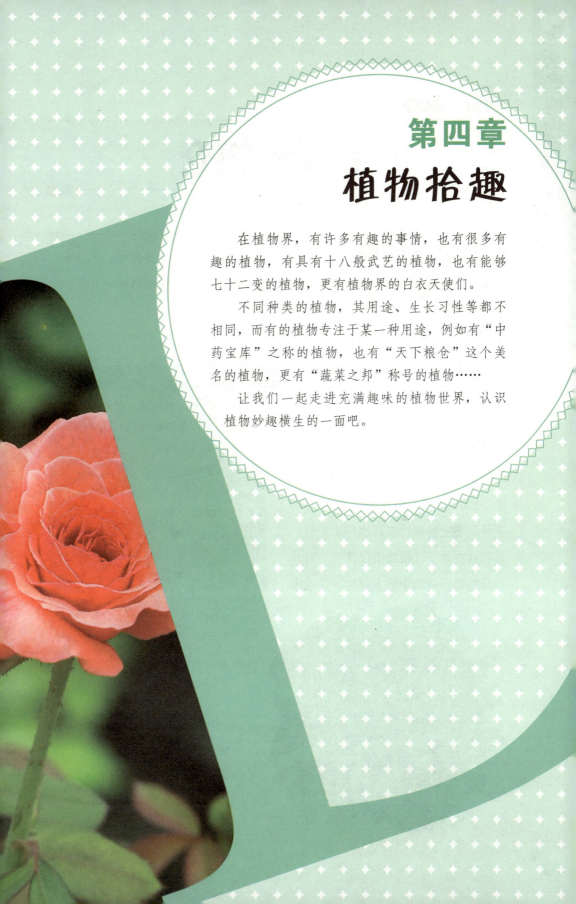

第四章

植物拾趣

　　在植物界，有许多有趣的事情，也有很多有趣的植物，有具有十八般武艺的植物，也有能够七十二变的植物，更有植物界的白衣天使们。

　　不同种类的植物，其用途、生长习性等都不相同，而有的植物专注于某一种用途，例如有"中药宝库"之称的植物，也有"天下粮仓"这个美名的植物，更有"蔬菜之邦"称号的植物……

　　让我们一起走进充满趣味的植物世界，认识植物妙趣横生的一面吧。

Part4 第四章

动物们的**粮仓**

稻和麦是我们日常的主要食粮，牧草是牛、羊的重要食粮。人类和家畜们赖以生存的食粮都是来自同一个植物的科，而这个科被称作是人类的粮仓，你知道是哪一个科吗？

这一个包含这么多粮食作物的科是禾本科，属于多年生、一年生或越年生的草本植物。禾本科有 660 属，近 10,000 种，其中竹类约占禾本科植物中的 10%，有 70 多属，1000 多种。禾本科一般分为禾亚科、黍亚科和竹亚科这三个亚科，其种数在单子叶植物中仅次于兰科，并且是被子植物中的大科之一。禾本

知识小链接

禾本科植物除了作为食粮之外，还有入药的植物，其中淡竹和白茅比较具有代表性，它们分别代表着禾本科中的木本植物和草本植物。为多年生常绿乔木或灌木的淡竹，去皮之后，把中间稍带绿色的鲜淡竹刮成丝条状后阴干即可入药，具有化痰、止呕，以及清热等功效。最常见的阳性禾草——白茅，入药部位是其根，入药之后跟淡竹一样，也具有清热的功效，同时，独有止血和利尿的功效。

科植物的根大多数是须根，而且茎是直立的，数量也很多。

根据对植物化石的研究，禾本科植物的化石证实了禾本科植物最早出现的时期是白垩纪晚期。但是在白垩纪晚期地层中，被发现的禾本

❖ 稻

科植物化石的数量很少，研究者是从叶碎片和花序化石的形态上进行分析的，从而推测出这些化石可能为芦苇属和芦竹属植物，这两个属均属于禾本科。更多的证据出现在第三纪地层中，属于禾本科植物的小穗、花序、茎、叶、花粉和种子化石大量存在，并且发现了与现代禾本科植物中的针茅属、剪股颖属、芦苇属、芦竹属植物所相应相似的部分。

❖ 玉米

作为这么一个种类繁多并且分布广泛的科，禾本科植物几乎是遍布地球上有种子植物生长的地方。无论是寒带还是热带，也无论是高山还是平原，都有禾本科植物的踪迹。目前，禾本科植物占全球天然植被的30％，同时，世界上种植禾本科作物的农田占70％，这就奠定了禾本科植物是人类粮仓的地位。在人类的食物中，有50％以上的蛋白质是来自于禾本科植物的稻谷、小麦、玉米、大麦以及高粱等，这些都是来自于禾本科的粮食作物。

禾本科是人类粮食和牲畜饲料的主要来源，不仅是人类的粮仓，也是部分动物的粮仓，这只是相对于食用杂草的部分动物而言。

❖ 小麦

Part4 第四章

植物界的白衣天使

"植物界的白衣天使"是什么意思呢？跟人类社会一样，指的是护士，那它能够医治病痛吗？如果想知道，那么我们就先要找出植物界的白衣天使，究竟它是哪一种植物？

植物世界的白衣天使并不是指一种植物，而是指一个特定的植物家族，这个拥有许多白衣天使的家族就是茄科。在茄科这个家族中，茄子和番茄是我们最熟悉的两个白衣天使。虽然茄科植物大部分都是蔬菜和粮食作物，但是也有药用的植物，并且在各个不同方面，发挥到治疗的功效。

首先，让我们一起了解一下茄科植物到底是一个怎么样的家族。茄科是生物分类学上的一项分类，可分为85属，2000多种不同的茄科植物。茄科是双子叶植物纲菊亚纲有花植物中较为进化的一群，有草本、灌木以及小乔木，而且茄科植物的叶通常为单叶，出现复叶的情况很少。

茄科植物的才能很多，而且具有很多实用价值，最常见的用途就是作为人们常年食用的果菜类植物，也可以作为观赏类植物。那么作为植物界的白衣天使，茄科最具代表性的种类是哪些呢？

茄科中最具代表性的

❖ 茄子

知识小链接

虽然茄科植物很多都具有治病的功能，但是茄科植物引发中毒的事例也是常见的。因为茄科是有毒植物中最重要的科之一，并且具有多方面的毒理作用。由茄科植物引起的中毒，通常是由于误食或者是用药的分量出现失误所引起的。食用茄科植物后，按中毒症状通常分为四类：辣椒中毒，茄属植物中毒，烟草中毒以及曼陀罗属、山莨菪属、天仙子属、颠茄属、酸浆属、泡囊草属等植物中毒。

种类，肯定不能少了番茄。番茄是日常生活中，最常吃的蔬菜，具有很高的营养价值，深受人们的喜爱。番茄除了其果实是营养丰富的蔬菜之外，其叶片的浸出液还可以做农用杀虫剂。在番茄的果实和叶子中，都含有番茄素，这种番茄素具有十分厉害的功效，不仅对皮肤癣菌、黑曲霉等真菌有显著的抗性，还有抗炎和强心的作用，更有抗癌的功效。跟番茄一样是日常蔬菜的茄子，它的叶子与果实，都含有具有抗癌作用的葫芦巴碱。

在植物界的白衣天使家族茄科中，还有另外一名家族成员也有抗癌的作用，并且其功效比茄子更显著。这种植物被誉为是世界性的治癌药物，它就是白英的果实，配上伍蛇莓、龙葵、白花蛇舌草等药，用于治疗肺癌以及胃肠道癌肿等症状。白英的果实可以入药，它的全草也能入药，全草含蜀羊泉碱，内服对麦角菌、稻瘟病菌具有抵抗作用，如果将全草捣烂，可外敷，具有治疗风湿性关节炎的功效。

以上介绍的三种是属于茄科中的种，而茄科中的属，也包含具有很多不同功用的植物。其中以曼陀罗属、酸浆属以及烟草属这三个属最具代表性。曼陀罗属里面有15种，都是属于草本植物，并且都具有茄科植物叶子的特点，叶子是单叶。曼陀罗属的植物都

❖ 番茄

❖ 灯笼草

能够入药，其中白花曼陀罗和毛曼陀罗这两种曼陀罗属植物，它们被制成干燥花之后，被称作洋金花，具有止咳平喘的功效。而在酸浆属中，最为有名的是灯笼草，因为其形状跟灯笼十分相似，因此得名灯笼草。灯笼草全草都可以入药，亦可外敷。全草入药具有治疗腮腺炎和急慢性气管炎等疾病的效用，而外敷则有治疗脓疱疮的作用。烟草属大约有 60 多种，但是烟草属的植物并不能入药，其中最具代表性的烟草，它是制烟工业的原料和重要的杀虫剂。

茄科是植物界的白衣天使，它的家族里的成员，几乎都具有治疗的功效。以上仅仅是介绍了茄科中的一小部分，而茄科中更多更具价值的植物有待我们深入认识。

❖ 番茄

Part4 第四章

蔬菜家族

AOMIAI YIPU

白菜、萝卜、油菜等，都是我们日常食用的蔬菜，你知道它们都是属于同一个科的吗？你知道它们还跟板蓝根和紫罗兰这些不同种类的植物是同一个科的吗？

上面所提到的这些植物都是属于十字花科植物，所谓的十字花科植物就是花有两种不同的性别，而且是辐射对称的，能排成总状花序。其中十字花科植物最突出的特征就是有十字形花冠，这种花冠形状就是花瓣的下部如同爪形，花瓣的上部则十分宽圆，向上平展开花的时候，会跟下部的四个花瓣形成十字。

十字花科芸薹属植物，被称为"蔬菜之邦"。在我们日常生活中吃到的蔬菜都是属于十字花科芸薹属的植物，如芥菜、油菜、雪里蕻以及花椰菜（又叫花菜）等蔬菜，萝卜属跟芸薹属的植物不仅是我国主要的蔬菜，还是我国主要的油料作物，用途十分广泛。

知识小链接

在植物界，植物学家们发现了十字花科的近亲，这个十字花科的近亲就是山柑科。不仅因为它的花的结构跟十字花科的很相似，还因为十字花科花的各部分数目和雄蕊的排列，比山柑科的稳定，因此还有人认为十字花科是从山柑科演化而来的。这两个科之间有相同的地方，也有不同的地方。例如：十字花科多数为草本植物，而山柑科有草本植物和木本植物。

❖ 芥菜

十字花科的植物不仅可以做蔬菜和油料，还可以入药用和观赏用。常用来做药用的十字花科植物有板蓝根和葶苈子，板蓝根具有清热解毒、消肿、利咽的功效，而葶苈子则可以温肺豁痰利气、散结通络止痛，具有多种功效。用作观赏的十字花科植物有紫罗兰，紫罗兰放在室内不仅可以美化环境，还能愉悦人的心情。

❖ 板蓝根

作为"蔬菜之邦"的十字花科植物，有着各种的用途，除了上面所提到的，有的十字花科植物可以用作饲料或者染料，是我们生活中不可或缺的植物。

❖ 白萝卜

Part4 第四章

瓜类的大家庭

在瓜类的大家庭里，你认识哪几种瓜呢？你知道这些瓜都是属于什么科的吗？瓜果除了吃之外，还有什么用途呢？让我们一起探索在瓜类这个大家庭里深藏的秘密吧！

南瓜、冬瓜以及甜瓜等瓜类都属于葫芦科植物。所谓葫芦科植物是指一年生或多年生草质或木质藤本植物，基本都是呈现为藤本状，依附在其他东西身上，攀援生长，仅有少数呈灌木或乔木状。葫芦科植物多分布在热带地区，因而热带地区是瓜类产量最高、种类最多的地区。

虽然瓜类同属于葫芦科，但是不同种的瓜类，其分属于不同的属。瓜类的基本分属有：南瓜属、冬瓜属、葫芦属、西瓜属、黄瓜属、苦瓜属、喷瓜属以及栝楼属等。这些分属的命名主要是根据其属内比较出名的瓜而命名的，如西瓜属于西瓜属，黄瓜属于黄瓜属，南瓜

知识小链接

在葫芦科中，有许多植物可以入药，最常见的是罗汉果。其实，除了罗汉果之外，还有具有镇咳和解热利尿作用的栝楼，具有清热解毒、消肿散结和治疮疡肿毒作用的马㼎儿，对伤寒杆菌、大肠杆菌等杆菌有抑制作用且具有清热解毒、健胃止痛功效的雪胆属，还有能够治疗肾类水肿、湿疹、疮疡肿毒等多种症状的盒子草等。

❖ 冬瓜

属于南瓜属，其中要注意的是葫芦是属于葫芦属的，而西葫芦则属于南瓜属。

在日常生活中，瓜类主要以食用为主。瓜类除了吃之外，还有很多不同的用途，其中最受人们喜欢的一种用途就是药用。葫芦科植物中最著名的药用植物就是罗汉果和绞股蓝，罗汉果可用于止痰，而绞股蓝这种葫芦科植物是与人参齐名的药用植物，更有"北有长白参，南有绞股蓝"的说法。

❖ 南瓜

在瓜类大家庭中，也有用来观赏的瓜类，喷瓜果就是整个瓜类大家族中有名的一种观赏性瓜类。喷瓜果的身子长得又长又圆，结果的时候，瓜会与种子脱离瓜梗，并且同时在瓜与瓜梗连接的地方，自动喷出褐色的种子，那个景象十分壮观有趣，而且还会发出声音。另外有一种观赏性的葫芦科植物——赤瓟，人们主要是观赏赤瓟的果实，其果实红艳美丽，十分夺目，作为盆栽让人赏心悦目。

❖ 甜瓜

Part4 第四章

花样最多的植物

在神奇的大自然里，有众多的花样植物，它们作为盆栽，给我们的庭院增添了许多美丽。这些花样植物除了可以作盆栽，还有什么用途呢？你又知道这些花样植物的母亲是谁吗？

在世界庭院里占有重要地位的蔷薇、月季、樱花，可以作药用的郁李仁、金樱子和翻白草，可以结出香甜美味水果的苹果树、桃树、李树，可以提炼出芳香精油的玫瑰和香水月季等，它们都是来自同一个家族，就是蔷薇科，被称为植物界中花样最多的植物。

❖ 月季

知识小链接

蔷薇科植物不仅仅只有花，也有很多不同的种类，我们日常食用的水果有的也是属于蔷薇科的。如苹果，它属于蔷薇科中的苹果属。苹果树是一种落叶乔木，喜欢在干燥凉爽的环境里生长，它耐寒，但是不耐热。苹果树能够结出美味的苹果，在结果之前，所开的苹果花十分漂亮，白润中带晕红，具有一定的观赏价值。

在蔷薇科这个大家族既然有很多不同的花样，自然也有很多不同的形状，有高大的乔木，也有矮小的草本植物。蔷薇科植物遍布全球，现存124属，3300多种，其中我国约有51

属，1000 多种。

在植物界里，蔷薇科算是一个十分大的家族，为了更容易地认识蔷薇科的植物，人们把蔷薇科分成四个亚科，分别是绣线菊亚科、苹果亚科、蔷薇亚科和李亚科。这四个亚科都有其代表植物，绣线菊亚科的代表植物是三裂绣线菊，苹果亚科的代表植物是苹果，蔷薇亚科的代表植物是玫瑰，而李亚科的代表植物则是杏。

❖ 樱花

除了蔷薇科植物之外，百合科植物也是花样很多的植物，百合科百合属植物就有 100 多种，而且无论是属于哪一种，开出来的花都十分好看。在我国北方有三种常见的百合科植物——美艳而花朵大的卷丹，微微下倾而又夺目的细叶百合花，花朵直立又与细叶百合花相类似的山丹花。这三种百合科植物各有特色，有各自独特的美丽。只是在百合科中，最有名而又最惹人喜欢的是百合花，百合花清秀淡雅，常作为盆景出现，是点缀室内和庭院的不二之选。

百合花不仅可供观赏，还能入药、制芳香油、做食品等。同为百合科植物的"贝母家族"，虽然长得没有百合花好看，但却是入药的首选，是止咳的首选，可以治疗多种疾病。江浙一带的浙贝母、西南地区产的川贝母、新疆产的伊贝母、陕西产的太白贝母等都有医治久咳、痰喘、急慢性支气管炎等多种功效。

蔷薇科和百合科这两种花

❖ 百合花

样植物多的科，其植物也是以美丽的花居多，而葱属植物在植物界也是以花样植物多而闻名的。但是这个属出产的并不是美丽的花朵，而是我们日常生活常常吃到的葱、蒜、韭、洋葱等。这些都是日常生活中不能缺少的香辛佐料食品。在葱蒜类植物中，还含有消灭念球菌、隐球菌、须发癣菌等菌类的挥发性蒜辣素，对治疗肺结核、百日咳、头癣、痢疾等疾病均有奇效。葱

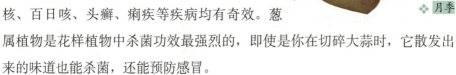

❖ 月季

属植物是花样植物中杀菌功效最强烈的，即使是你在切碎大蒜时，它散发出来的味道也能杀菌，还能预防感冒。

花样多的植物，不仅有各种美丽的形态，也有着多种不同的用途，在给世界增添美丽的同时，也为人类奉献着自己，把自己的用处发挥到最大。

❖ 樱花

中药宝库

AOMAO YAO KU

在植物王国里，拥有"中药宝库"这个称号的是哪一个科的植物呢？这个科的植物有什么特别之处，拥有这么多中草药的科是哪科的呢？

在全球范围内，都有这种植物的足迹，为人类提供各种不同用途的材料，例如食用、药用、香料等多种不同资源，不仅是中药宝库，也是资源宝库，拥有如此丰富资源的就是伞形科植物。在被子植物中，伞形科是被子植物种类最多的科之一，而且伞形科有两个突出的标志，具有双悬果和伞形花序。伞形科植物特有的果实就是双悬果，这种果实是在果实成熟之后，分离成两个分果，并且一起悬挂在心皮柄的上端，看起来就像是两个果实一起悬挂着。而伞形形状的花序就像是一把张开的伞，小花生在花梗上，而且是一梗有一朵小花，这些小花越是往外生长就越长，因此，靠在最外侧的花梗总比花梗中央的长得要长一些，使得整个花序的形状看起来就像是一把撑开的伞。

在了解了什么是伞形科植物之后，让我们一起来看一下在伞形科植物中，那些有本事的中草药植物吧！我们熟悉而且常常会使用到的柴胡、当归等，都是伞科植物中中国传统的中药材。柴胡、当归和明党参这三种伞科植物都能入药，但是它们的药效各不相

❖ 明党参

伞形科植物除了可以作为中药材，还可以作为食物、香料、观赏植物等。最常见的具有食用价值的伞形科植物是芹菜、胡萝卜以及芫荽等蔬菜。还有能制成香料的茴香、茴芹、葛缕子等，这些伞形科植物既可以制成食用香料，也可以制成工业用的香料。海刺芹、蓝饰带花、大星芹等则常常作为观赏性的植物培植，具有较高的观赏价值。

同。柴胡是多年生草本植物，柴胡中的黑柴胡和红柴胡都能够入药，具有祛风、散寒、止痛等功效。当归，又叫金当归、当归身等，其主要入药部位是根部，具有补血、调经、止痛等功效，主要用于治疗血虚、月经不调、痛经、虚寒腹痛以及跌打损伤等症状。而明党参属于多年生草本植物，是中国的特产中药材，其入药部位是根部，具有滋润肺部的功效。

伞形科中之所以有这么多植物能够入药，是因为伞形科植物中有各种具有药效的化学成分。例如：具有抗肿瘤作用的栓果芹素，具有较强的抗菌作用的欧前胡素、异茴芹素，具有扩张冠状动脉作用的凯林等。拥有这些成分的伞形科植物，也就具有了治疗疾病的药效。

伞形科植物作为中药宝库，其药用价值十分高现在伞形科中的药用成分，有的被提取出来，并运用科学技术，研发出了能够治疗某种疾病的药，用以造福人类。

❖ 柴胡

Part4 第四章

热带植物之王

AO DUI ZHI WU

提到热带植物，我们自然会想起椰子树，香甜美味的椰子汁更是受到很多人的欢迎。在热带植物中，除了椰子树之外，还有什么热带植物呢？热带植物之王又是谁呢？

热带植物之王是谁呢？是椰子树吗？其实热带植物是由很多科组成的，其中棕榈科植物就是热带植物之王，椰子树也属于棕榈科植物。棕榈科植物能成为热带植物之王，是因为其栽培历史悠久，分布地区广泛，几乎在所有的热带地区都能看到棕榈科植物的踪

知识小链接

在棕榈科这个大家族里面，分成九个亚科，分别是象牙椰亚科、水椰亚科、槟榔亚科、椰子亚科、鳞果亚科、鱼尾葵亚科、糖棕亚科、贝叶棕亚科和刺葵亚科。其中以槟榔亚科的种类最多，有120属1100种不同的种类，并且广泛生长在热带地区。在槟榔亚科中，最具代表性的植物就是槟榔，许多人喜欢嚼槟榔，但是如果过量食用槟榔，会导致口腔癌。

迹，而且它还是仅次于禾本科的最重要的经济植物，是热带植物中用处最大的植物。棕榈科植物浑身是宝，棕榈的叶鞘是制绳的原材料，棕毛和果实则可以入药，具有止血的功效。

棕榈科植物都十分高大，一般高度为10多米，有的甚至可以长到50

❖ 加拿利椰子

❖ 箬棕.

米。虽然棕榈科植物看上去都是很威武的样子，但是它们之中也分为怕冷和不怕冷的棕榈。根据棕榈耐寒性的不同，分为热带棕榈与耐寒棕榈两大类。虽然它们都是棕榈，但是习性却大不相同。热带棕榈喜欢高温多湿的气候，而耐寒棕榈则喜欢寒冷的气候。热带棕榈的耐寒性比耐寒棕榈的差很多，气温在0℃左右的时候，热带棕榈就会被冻伤，而耐寒棕榈在0℃以下也不会被冻伤，而且还是长得很好。

在棕榈科植物中有很多是作为观赏性植物培植的，而根据棕榈科植物的不同生长习性，不同的温度带，培植的棕榈植物种类也不同。在热带生长的大半是棕榈科中的耐热植物，例如加拿利椰子、箬棕、沙漠棕榈等，其中沙漠棕榈的原产地是热带沙漠地区。在寒带生长的棕榈科植物多半是耐寒能力强的，如皇后葵、巴摩椰子、荷威椰子、布迪椰子等，其中布迪椰子是最耐寒的棕榈科植物。

除了这些观赏类的棕榈科植物，还有很多不同用途的棕榈科植物。在食用方面，有拥有甜美肉质和鲜甜汁液的椰子树；在药用方面，有具有血竭红素等黄酮类化合物的麒麟竭，它既可以活血化瘀，又可以止痛；在日常用品方面，有万能的油棕，它的油可以作为食用油，除此之外，棕油还能制成许多生活用品，如蜡烛、奶油、肥皂等。

❖ 加拿利椰子

■ Part4 第四章

植物界的软体大师

有人的身体十分柔软，甚至可以把自己的身体折到箱子里，我们会把这些身体十分柔软的人称为软体大师，而植物界也有软体大师，这个植物界的软体大师会是谁呢？

在植物界，旋花科植物是出了名的软体植物，被称作是"植物界的软体大师"。旋花科植物大部分都是草质或木质藤本植物，它们的身体十分柔软，跟身子直直的不能动的大树不一样。大部分旋花科植物都能依附或者缠绕在其他植物或者物体的身上。这除了是因为它们本身柔软的身体外，还为了

❖ 牵牛花

知识小链接

菟丝子、蕹菜、月光花和茑萝是旋花科植物中具有代表性的种类。其中月光花和茑萝的原产地都是美洲的热带地区，而蕹菜的原产地是中国，菟丝子虽然原产地未知，但是它在中国也有大量生长。菟丝子和蕹菜都能入药，其中菟丝子具有治疗腰膝酸痛和视力减退的功效，而月光花则多用于食用，茑萝常用于观赏。

争取更大更好的生存环境。牵牛属植物就是旋花科的代表属，牵牛属植物的茎就是典型的左旋缠绕形式，缠绕着藤蔓而生长，我们日常生活中最常见的牵牛花就是属于牵牛属的植物。

有的旋花科植物的身体过度柔

软，缠绕着其他物体也不能往上爬行，它们就只好在同一个平面内争取更大的生存空间，就是在地上爬行，以扩大自己的生长地盘。旋花科植物中，以茎爬地生长而著名的是甘薯，在关节处生根，根能爬到很远的地方，我们常吃的红薯就是甘薯的块根，在我国也是一种常见的农作物。

❖ 菟丝子

在缠绕着别的植物而生存的旋花科植物中，有 100 多种旋花科植物连自己的养料也会从其依附着的植物中吸取。菟丝子属植物就是其中的代表植物，它缠绕在豆类作物上的藤会吸收豆类作物的养分，使得豆类植物出现营养不足的情况。

❖ 菟丝子

Part4 第四章

跋山涉水的植物

没有大风大浪，也没有严寒压迫，安稳舒适的环境，是许多植物都选择的生长环境。但是，有个家族的植物很特别，它们有的喜欢攀山，有的喜欢涉水，你知道这些植物是属于哪一个植物家族的吗？

这个喜欢跋山涉水的植物家族就是蓼科。你可能会对蓼科这个家族的名字感到陌生，但是在生活中，或多或少地，你肯定有见过蓼科植物。因为无论是高山还是平原，大海还是水沟边，都有它们家族的成员。蓼科植物的生长习惯很特别，它们家族里的成员都很害怕寂寞，如果是在一个地方生活，都是成群结队的，一片一片地生长，很少会有一株孤零零地生长。

❖ 大黄

现在，让我们一起了解一下这个奇特的、爱好群居的植物家族。蓼科并不是植物界最大的家族，也不是种类最多的家族，只是一个普通植物家族。蓼科是双子叶植物纲的一科，主要生长在北温带，属于一年生或多年生草本植物，很少会有灌木或小乔木。在蓼科植物中个头最高的是树蓼，这是一种高达 18 米的常绿乔木。

❖ 何首乌

在蓼科这个植物大家庭里，除了有药用植物之外，还有许多是可以作观赏用途的植物，如红蓼和珊瑚藤等。红蓼属于蓼科中的蓼属，是一种一年生的草本植物，只需要给它喜欢的阳光，就能够生长得很好。它的枝叶很高大，既可作庭园观赏植物，也可作为插花的材料。而珊瑚藤属于蓼科中的珊瑚藤属，为多年生常绿藤本植物，珊瑚藤上开的花很多，闻起来有淡淡的香气，因此，人们很喜欢将其作为园艺品种来种植。

在蓼科这个大家族里，大约有40属800余种不同的植物，虽然种类很多，但是它们有一个共同的特点就是所结的果实几乎都是瘦果。

在整体了解了蓼科整个家族的大致情况之后，我们来认识一下在蓼科植物中有哪些常见的植物，这些植物又有些什么特别用处呢？

在蓼科植物中，有13个主要种属，分别是翅果蓼属、蓼树属、酸模属、大黄属、翼蓼属、竹节蓼属、蓼属、山蓼属、荞麦属、冰岛蓼属、海葡萄属、珊瑚藤属和沙拐枣属。常见的蓼科植物有作为中药材的何首乌、大黄和水蓼以及作为染料的蓼蓝。

何首乌、大黄和水蓼可以算得上是蓼科大家族里的医药师，它们有不同的药用和医治效果。何首乌属于蓼属，是一种缠绕草质藤本植物，它的块状根十分有名，是著名的滋补强壮药。大黄属于大黄属，是著名国药之一，也是传统中药材之一，是中药的药用植物，大黄除了可以入药之外，还可以作为观赏性植物种植。水蓼的生长环境比较特别，它不像何首乌和大黄那样生长在陆地上，它喜欢在沟边或者是山谷溪边生活，并且喜欢将它的茎浸在水中。水蓼是草本植物，其全草都能入药，并具有利尿止痢和消肿解毒的功效。除此之外，蓼蓝除了作为染料之外，跟水蓼一样，同样具有清热解毒的药用功效。

❖ 水蓼

Part4 第四章

"苦命"的植物

温暖的阳光，适宜的环境，大部分幸福的植物都是在这样的环境里生长的。但有的植物则没有这么幸运，它们的生长条件十分恶劣，那么植物界最苦命的植物是谁呢？

在海边、荒漠、盐碱地等很多植物都难以生活的环境中，有一个科的植物竟然可以大量繁殖，这种具有坚忍不拔的意志的植物就是藜科植物，它们很少生活在树林的舒适环境中，大多都是生活在一些艰难的环境中，被称为是植物界中"最苦命"的植物。

虽然藜科植物的生存环境十分恶劣，但是它们能生活得很好。它们有着极强的生命力，不但可以用种子来繁殖，而且还能用自身的营养来繁殖，再加上其自身的器官具有特殊的生理抗逆的功能，使得它们在恶劣的环境中仍能活得十分精彩。在藜科植物中，至今仍能保存下来的都是适应能力强的珍贵品种。

在藜科植物中，具有代表性的属

知识小链接

地肤是藜科植物中的"百宝植物"，它身上处处都是有用的宝物，其嫩芽可以作为蔬菜，种子既可以榨油，又可以入药，有利尿的功效，老了的地肤也是有用的，可以作为制作扫帚的材料。地肤不仅身上的每一个部分都是有用处的，它自己本身也具有观赏性，常作为园林盆栽，供人们欣赏。

❖ 藜

◆ 藜

有很多，其中藜属是藜科中最具代表性的植物。在藜属中最常见的就是藜，也被叫作灰灰菜，属于一年生的草本植物。而甜菜属和菠菜属则是与我们的生活最息息相关的。在甜菜属植物中，我们最熟悉的就是平常吃得很多的甜菜，不仅能直接食用，还能制成糖。在菠菜属中，菠菜就是其代表植物，也就是我们日常吃到的蔬菜，具有很高的营养价值。盐角草属、盐爪爪属和碱蓬属这三个属的植物是最不怕盐的，因为它们的细胞液里含有大量盐分，而且对人体无害。碱蓬属分为翅碱蓬和灰绿碱蓬两种，它们的种子都含有油分，既可以食用，又可以制成肥皂。苞藜属是中国特有分属，主要生活在干旱地区或盐碱地，并以旱生或盐生形态呈现出来。

　　在藜科植物中，"最苦命"的就是梭梭属植物，它们通常生长在降水少的干旱地区。梭梭属植物

◆ 菠菜

中的两种代表植物是梭梭和白梭梭，它们都具有极强的抗旱能力，梭梭生活在年降水量为 150 毫米左右的干旱地区，而白梭梭则生长在相对湿度为 1% 的沙漠地区。水分稀少的沙漠和戈壁地区，完全没有影响这两种植物的生长，它们用其独特的生存技巧，使得环境对自身生长的影响减到最少。根系庞大的梭梭充分利用沙层内水分，坚强地在较平坦的流动沙丘、沙地、弱中度盐渍化、石砾沙质土等不同环境中生存。而白梭梭利用其极强的抗旱能力，使得自己无论是在干旱的沙丘，还是地下没有水的环境中，也能焕发出生机勃勃。

❖ 菠菜

藜科植物广布世界，主要分布于非洲南部、中亚、美洲和大洋洲。藜科有 100 余属 1400 余种，其中在中国就有 39 属 180 余种，在全国各地都有藜科植物的踪影，并且干旱地区和盐碱地的产量为最高。

❖ 甜菜

Part4 第四章

植物界的大家族

有一个科的植物堪称是植物界大家族，这个科的植物种类最多，种类的数量有两万五千种至三万种。你知道这个植物界的大家族，是哪一个科吗？

这个科不仅是植物界的大家族，而且在进化地位上也是最高级的科。这个如此厉害的科就是菊科。看到菊科这个名词，你可能会误会菊科植物只是我们日常所见的菊花，其实菊科植物并不是只有菊花，还有很多你意想不到的植物。

在菊科这个大家庭中，大部分菊科植物都是草本植物，只有极少数的家庭成员是灌木或乔木。因为草本植物原本是为了适应寒带寒冷而干燥的环境才进化出来的，所以草本植物与生俱来的就有一种很强的环境适应能力，大部分菊科植物的适应性都是极强的，无论是高山还是沙漠，都能看见菊科植物的踪影。

菊科中的草本植物能在艰苦的环境中生长，其实还有一个重要的原因，就是

知识小链接

在菊科这个大家族里，为了更容易辨别出家族成员，将其按照不同的依据而进行分类。菊科最早的分类是分成 13 个族，有一点类似于我们人类的民族，这 13 个族分别是斑鸠菊族、泽兰族、紫菀族、旋覆花族、向日葵族、堆心菊族、春黄菊族、千里光族、金盏花族、莱蓟族、帚菊木族、菊苣族和 Arototideae 族，因为中国没有最后族的菊科植物，因此没有中文名字。

❖ 旋覆花

它独特的繁衍方式。一年生和多年生的草本植物的繁衍方式是不同的。寿命只有一年的草本植物在冬天会彻底地死去，把繁衍后代的任务留给它的种子，让种子们来繁衍后代。而寿命有很多年的草本植物，在冬天的时候，虽然它们在地面上的茎叶都会枯萎，但是没有彻底地死去，因为在地底下的根部还是活着的。在第二年春天到来的时候，多年生草本植物又能够发芽生茎，并且自己继续繁衍后代。

❖ 瓜叶菊

菊科植物的果实也同样具有很强的环境适应能力，其果实虽然小，但果实上常有附属物，这些附属物可以帮助其向其他地方播种。菊科植物除了环

❖ 万寿菊

境的适应性极强，它的进化地位也是极高的，也就是说菊科植物进化得比较完全和高级。向日葵就是菊科中进化地位高的代表植物，我们日常见到的向日葵，其花盘周围有金黄色的舌状花，但是这些舌状花只能吸引昆虫来帮它传粉，而不能结出果实，只有在这些昆虫传粉之后，才能结实。

❀ 旋覆花

菊科作为植物界的大家族，无论是进化的种类还是数量都是种子植物中最多的，因而菊科植物被广泛地运用到各个领域之中，如医药、农药、保健品以及化妆品等领域。在农药方面，对于菊科植物的研究，主要运用在杀虫剂方面，另外有 160 种杀虫活性的植物属于菊科植物，其中首推的菊科杀虫植物就是除虫菊。在药用方面，菊科植物中的药用植物就达 120 属 500 多种，药用的种类很多。在药用的菊科植物中，最具代表性的是单叶佩兰、旋覆花以及北野菊等，这三种菊科植物具有不同的功效，单叶佩兰具有抗病毒的功效，旋覆花具有平咳和镇喘的功效，北野菊则具有治疗高血压的功效。

Part4 第四章

植物的**记忆**

你相信植物也具有记忆能力吗？你看过植物是如何展示它的记忆能力的吗？植物的这些记忆对植物本身又有着怎样的影响呢？带着这些问题，让我们一起走进神奇的植物记忆世界。

植物是否具有记忆的能力呢？科学家通过实验在三叶鬼针草身上解开了这个谜团。这个实验是法国克雷蒙大学的学者，以几株刚发芽的三叶鬼针草为实验对象进行的。在开始的时候，他们用长针刺穿三叶鬼针草右边的叶子，以达到破坏三叶鬼针草叶子的对称性的目的。紧接着，学者们用手术刀把右边两片形状相似的子叶切除，然后把这些失去子叶的三叶鬼针草放到更好的环境里种植。5天之后，这些三叶鬼针草身上发生了令人惊奇的事，它们竟然记得自己右边的子叶是受过伤的，而左边的则没有受过伤。能证明它们有这样的记忆的行为是：没有被长针刺过的左边生长得十分茂盛，而被刺过

知识小链接

记忆的定义：记忆是过去经验在头脑中的反映。记忆按照不同的根据，有不同的分类。按其记忆的内容来分类，可以分为5类，分别是动作记忆、情景记忆、形象记忆、情绪记忆和语义记忆。而信息存储的时间长短所进行的是一个系统的分类，将记忆分成瞬时记忆、短时记忆、长时记忆这三个系统。

❖ **三叶鬼针草**

的右边的芽生长得十分缓慢。经过科学家们进一步的研究，发现三叶鬼针草对这种破坏对称性的针刺伤害的记忆时间大概是 13 天，也就是说在被针刺伤害后的 13 天内，三叶鬼针草左右两侧的芽的生长速度都会有很大的差异。

❖ 三叶鬼针草

在植物神奇的记忆世界里，植物除了可以记住受过伤害的位置，竟然还可以跟宠物一样记住养自己的主人。为了证明植物是与悉心照顾它的主人之间是存在着某种感应的，巴克斯特在两棵植物和 6 名蒙眼学生之间做了一个实验。在实验的开始，巴克斯特让这 6 名蒙眼学生进行抽签，再让中签者拔出这两棵植物中的一棵，将其进行蹂躏。最后，巴克斯特将那一棵没有被蹂躏的植物接上测谎仪器，这棵植物竟然只对那个对另一棵植物施暴的人有反应，也就是说它知道这个人是蹂躏那棵植物的人，同时感受到这个人是危险的。

巴克斯特除了做了这个实验，还联合其他不同学科领域的专家，在这些专家的帮助下，设计了一个在上一个实验的基础上彻底排除人力介入的实验。实验证明了植物对人是有记忆的，而且还能与人感应沟通。这个研究结果震惊了植物界的科学家们，许多人纷纷效仿巴克斯特，做了相类似的实验。令人震惊的是，大部分的实验结果都显示，植物是有记忆能力的，而且能与人沟通、协调、感应，值得一提的是，儿童与植物的感应沟通能力要比成人好得多。

虽然许多实验的结果都证明植物是有记忆能力的，植物可能是依赖离子渗透补充而拥有记忆能力的，但是由于不知植物拥有记忆能力的原因，至今为止，科学家们还不能完全解开这个谜团。

❖ 三叶鬼针草

Part4 第四章

植物的**年龄**之谜

树的年轮一圈又一圈，随着时间而叠加，一个年轮代表一年。而这些年轮除了可以记录树的年龄之外，还有什么用处呢？这些年轮又是怎样形成的呢？

其实，树的年轮不仅仅是反映树的年纪而已，它还能告诉我们这棵树所生长的环境，历年气候变化的情况和规律，简直就是气候变化情况的记录员。因为气候不同，树的年轮的疏密程度也是不同的。在气候温和的时候，年轮就会宽疏均匀；当气候变得炎热的时候，年轮就会变得特别宽疏；当气候变得寒冷时，年轮也会变得狭窄，尤其是气候特别寒冷的时候，年轮就会变得更加窄密。降水量的不同也会导致树木年轮的疏密程度有所不同。从年轮的宽窄疏密，我们还可以得知树木的年生长量和质地的优劣，还有树木生长速度的快慢。

年轮除了能反映这么多的信息，还能给我们汇报太阳黑子活动的规律和大气污染的状况。但树的年轮又是怎么做到的呢？首先，树的年轮能给我们展示太阳黑子活动的规律，是因为当太阳出现黑子群时，不但会使无线电波中断，

❖ 年轮

我们通过树的年轮，不仅可以得知树的年龄，还可以分辨出南北这两个方向。在北半球的树，南北两个方向的光照是不一样的，因而树干接受到的阳光也是不一样的。位于南侧的树干吸收到的阳光比北侧的多，因而南侧的叶子相对茂密，而且树干南侧的年轮会比北侧的宽许多。从树叶的繁茂程度和年轮的宽窄程度，可以判断出南和北这两个方向，在野外迷路时，可以借助这个方法，找到方向。

而且气候会受到很大的影响，气候变得变化无常，还会伴随出现暴雨或飓风。当太阳黑子的活动增加的时候，辐射出的光和热比平时更多，树木吸收的光和热多了，其生长速度也会变快，年轮也就跟着变宽了。因此，从年轮的大小可以推算太阳黑子的活动周期。

树的年轮反映大气污染的状况也是从年轮的疏密程度来判断的吗？不是的。它是从树的年轮里贮藏的污染物质来判断的。在有的金属冶炼厂或加工场附近的大气中，会有金属尘埃在空气中飘浮，而这些飘浮着的金属尘埃会被周围树木吸收。通过光谱检测，我们可以得知年轮里历年积累下来的重金属的含量，要想知道这棵树周围环境的空气污染程度的话，通过检测有毒的污染气体在年轮上留下的腐蚀烙印即可得知。

❖ 年轮

Part4 第四章

香蕉与菠萝的身世之谜

香甜美味的香蕉，酸甜可口的菠萝，在我们的印象中，它们都是在树上生长的。可是，你知道"香蕉树"和"菠萝树"并不是树吗？那它们又是什么呢？让我们一起来解开香蕉与菠萝的身世之谜。

香蕉和菠萝都是我们日常生活中常见的水果，同时也在水果世界中占据着重要的地位。它们身上又有着什么我们不知道的身世之谜呢？

首先，从被誉为"水果之王"的香蕉出发，来解开这个谜团。我们常常说"香蕉树"，但是，"香蕉树"其实并不是树，而是草。你或许会很惊讶，香蕉竟然是草生植物，不是树生植物。这是因为香蕉植株由多层叶鞘紧贴而成的假茎形成的所谓"香蕉树干"令我们产生了误会，以为香蕉树是树生植物。

香蕉是怎么样形成的呢？香蕉的形成过程与其他草生植物的果实的形成过程几乎没有什么差别。穗状无限花序的下部是雌花，在这个位置发育成香蕉，一串果穗有 4~18 梳的香蕉，而且每梳大概有 7~35 个不等的香蕉。香蕉成熟的时候，会发出诱人的香气，而且香蕉里面是没有种子的，因为现在栽培的香蕉一般是三倍体，不需要授粉，在开花两个星期之后，胚珠会自动解体，单性进行结实，在三心皮合生的下位子房中发育成"浆果"，也就是香蕉的肉，而香蕉皮是由萼筒与子房壁结合而生的。

一年四季都能吃到的香

❖ 香蕉

蕉，原来全年都可以开花结果。但是并不是每一个地区都能种植香蕉，有的地区只能吃从其他地区运来的香蕉。因为香蕉植株十分喜欢温暖的地方，它都是生长在年平均温度在 20℃～21℃以上，并且生长适温是 16℃～35℃的地区。如果温度为 10℃的时候，香蕉树就不能正常生长。喜欢温暖地区的"香蕉树"，也喜欢降水多的地区。"香蕉树"本身并不耐积水，当降水量低于月平均 50毫米时，就会觉得很干燥，需要在月平均降水量为 100毫米时，才能很好地生长。

香蕉是一种老少咸宜的水果，含有丰富的维生素 A，有助于补给均衡的营养。香蕉既可以直接食用，也可以制成罐头、香蕉原汁、蕉粉以及香蕉酱等，由香蕉加工而成的产品多种多样。

香蕉植株居然是草本植物，那么菠萝树也是草本植物吗？答案是肯定的。菠萝，又名凤梨、黄梨，是多年生常绿草本植物，属于凤梨科单子叶植物。虽然我们日常所见的菠萝并不属于小型的水果，但是菠萝植株是十分小型的，高度只有 0.6 米左右，并且最高的也只有 1 米。菠萝植株的生长方式很奇特，肉质茎被螺旋着生的叶片包裹着，果实即菠萝是由肉质中轴和周围的众多小花的花苞片、萼片、子房和花柱等融合膨大而成，因此，果实的食用部分是小花子房基部、苞片下部和花轴组织。

知识小链接

菠萝被一层厚厚的皮包住，那么要怎么样才能挑选到好吃的菠萝呢？要挑选到好吃的菠萝的秘诀就是从颜色、气味以及触感这三个方面来进行挑选。颜色：成熟度好的菠萝表皮是呈淡黄色或亮黄色的，而且其突顶部充实；气味：从菠萝外皮上，可以闻到淡淡的香气，但不是浓烈的香；触感：用手按下去，会感觉到菠萝的表面是挺实而微软的。这三个特征都是一个成熟度好，吃起来果汁多，甜度够，风味好的菠萝。

❖ 菠萝

菠萝原产于巴西，并在热带和亚热带地区广泛分布，在1493 年，哥伦布第二次到美洲时发现菠萝，并将其引入到各热带国家，当时菠萝还没被引入中国。菠萝是在 1605 年的时候，由葡萄牙人从马来西亚把种苗种到澳门。目前，泰国是世界菠萝生产大国，而我国的菠萝产量仅次于泰国和菲律宾，世界上菠萝产品进口国主要是欧美地区的国家，这些地区多处于温带甚至寒带，其气候不适合菠萝植株生长。

❖ 香蕉

菠萝植株喜欢光照充足的环境，对生长环境的温度要求是年平均气温最低为 24℃，而最高不超过 27℃。如果气温在 15℃以下，菠萝植株就会自动地减缓生长速度，气温继续降低，降低至 10℃的时候，则会停止生长。如果气温再降低 5℃，降到 5℃时，虽然还没有降到 0℃，但也会有被冻伤的危险。虽然菠萝树对环境的气温要求比较高，但是对环境的降水量则没有太多的要求，因为它是一种耐干旱的植物。年降水量在 500~2800 毫米之间，就足够提供其生存所需的水分，而且如果所在环境的土壤中的水分过多的话，会导致菠萝树烂根。

菠萝是人们喜爱的水果，除了直接食用之外，还会被加工成果汁、果脯、罐头以及饮料等产品。菠萝不仅美味，其所含的菠萝蛋白酶，既有助于人体的消化，也有助于人体对蛋白质的吸收。用菠萝蛋白酶制成的菠萝蛋白酶片，对支气管炎、哮喘、静脉栓塞以及咽喉炎等，都有很好的疗效。

经过对香蕉植株和菠萝植株详细了解之后，我们可以完全地肯定它们都是草本植物。

❖ 菠萝

Part4 第四章

五谷杂粮之谜

"人吃的都是五谷杂粮"这一句俗话，我们听过很多遍，但是，你知道五谷杂粮指的是哪五种谷物吗？它们的原产地又是哪里呢？

其实，早在汉朝的时候，五谷杂粮就有了定义，它们分别是稻、麦、黍、菽、稷。其中稻是唯一被肯定为原产地是我国。证据就是在无锡、杭州等地的距今有 5000 年新石器时代遗址中，发现了稻粒和稻壳，从而证明了我国是最早种植稻的。从古至今，水稻一直是我国人民的主要粮食之一，而且在全国范围内的种植面积是最大的，从南到北，从东到西，都能看到水稻的身影，水稻几乎遍布整个中国。

我国南方地区主要以水稻为主要的粮食，而北方地区则以小麦为主要粮食。其实小麦是五谷杂粮中"麦"一种，麦分为小麦和大麦。我国有关麦类的最早考古发现是在河南陕县东关庙底沟原始社会遗址的红烧土上，发现的距今有 7000 年历史的麦类印痕，显示了小麦在我国悠久的种植历史，是作为最早栽培的作物之一。同样，大麦在我国也有很长的种植历史。大麦在我国西北部各地有种植，而且是作为西藏的主要粮食作物。

在五谷杂粮中，稻和麦是我们最熟悉的，菽其实也是我们熟悉的粮食作物，因为菽的真身就是大豆，大豆在我国的栽培历史已经有

❖ 小麦

5000年了，主要作为油料和工业原料。大豆不仅是我国古代的一种重要粮食作物，还在18世纪的时候，传入英国和法国，更在19世纪的时候，被引种到了美洲和澳洲，现在成为了全球的重要粮食作物之一。

稷是五谷杂粮中最神秘的一个，因为至今为止，还没有人知道稷究竟是哪一种农作物，没有见过它的真身。而这种神秘的农作物之所以能被列入五谷杂粮，是因为其被认为是五谷之长，稷的内在含义就是谷神。曾有人认为谷子、糜子或高粱等农作物是稷，但是后来稷是高粱的说法被否认，因为在新石器时代，我国就有种植高粱，而高粱被认为是从国外传入中国的粮食作物，与事实相悖，因此高粱不可能是稷。

黍也是五谷杂粮中比较神秘的一种农作物，不过，与稷不同的是，我们除了不知道黍的原产地外，其他几乎都知道。黍是一种略大于普通小米的一种黏小米，也被称作黍子，在被去皮之后，就会被换成另一个名字黄米。据记载，在史前，埃及就开始种植黍，而我国是在周朝以后种植的，并且现今在我国华北各地区的栽种极其普遍，并以陕西、山西、甘肃等省为主要的黍产地。

第五章
植物利用

你知道植物都有什么用途吗？难道就只有观赏的作用吗？植物们都身怀绝技，各有本领，有观赏价值的，有食用价值的，有药用价值的，也有绿化价值的，等等。

身怀各种本领的植物，有时候只是一棵树，或者是一朵花，就拥有了其利用价值。让我们一起走进植物的世界，看看这些植物的真本领。

■ Part5 第五章

浑身是宝的**柿树**

金秋时节，柔软而香甜的柿子，受到了很多人的青睐。但是你知道柿树除了能够长出这么可口的柿子之外，还有什么用途吗？为什么说柿树浑身是宝呢？

我们平常吃的柿子有很多不同的种类，同样，柿树也是有不同的种类。虽然柿树都属于落叶乔木，但品种繁多。中国是柿树的故乡，距今已经有两千多年的栽培历史。

柿树的果实、叶子、枝干全部都是有用的宝物，就连用柿子做成的柿饼的那层白色粉末也有治病的奇效，可以治疗小孩子的慢性腹泻。成熟的柿子，既可以食用，又可以止血；而没有成熟的柿子，虽然不能直接食用，但如果捣成汁，也有治疗脑溢血、烧伤、冻疮等多种疾病的奇效。不仅如此，吃柿子的时候，连柿蒂也不能扔，因为柿蒂也可以入药，对治疗呃逆有一定的效用。

柿树的果实柿子虽然有这么多的

知识小链接

中国作为柿子之乡，柿子的品种多达二三百种。在这些品种的柿子中，七个品种是比较具有代表性的，它们分别是：斯文柿、鸡心黄、尖柿、磨盘柿、镜面柿、三门峡牛心柿和高校柿。还可以根据柿子种植的地区而分型，主要分为南、北两型，南型类品种与北型类品种的特征正好是相反，南型的耐寒力弱，且不耐干旱，北型的则较耐寒，且耐干旱。

❖ 柿树

用途，但是真正用途最多的是柿树的叶子——柿叶。在《名医别录》里，早早就记录了柿叶能治大病。柿叶晒干之后，可以制成柿叶茶，对体内的新陈代谢有促进作用，还对扁桃腺炎有较好的疗效。新鲜的柿叶有治病的功效。据说有一个人，身患多种疾病，连医生也放弃了对他的医治，他自

❖ 柿树

己的意志也很消沉。在一个偶然的机会下，他吃了几片嫩柿叶，吃完之后觉得身体很不错，从此每天都吃几片柿叶。过了一个多月之后，神奇的事情发生了，这个本没有希望的病人竟然痊愈了，他能够痊愈靠的就是每天吃柿叶。虽然这个故事的真实性还有待考察，但是柿叶可以治病这是毋庸置疑的，已经得到了科学的证明。

新鲜的柿叶不仅可以治病，还可以代替纸。唐代有一个人叫郑虔，由于贫困买不起纸，在一个偶然的机会下，发现了柿叶竟然可以当作纸来用，就用来练习书法和绘画。后来这个人的诗画非常有名，他在柿叶上的作品还被尊称为"郑虔三绝"。柿叶可以作纸，而柿树则可以成为木材，这种木材可以做成家具等，既结实又美观，深受人们的欢迎。

❖ 柿树

柿树真的是浑身是宝，可以食用，可以药用，也可以做成家具，还可以酿成酒，并且风味极佳，与众不同。

Part5 第五章

杜鹃的神奇用途

杜鹃花是中国的十大名花之一，我们一直以来都仅把它当作美丽的花朵来观赏。你知道这美丽的杜鹃花里面，其实还蕴藏着神奇的用途吗？

杜鹃花属于有刺灌木或小乔木，它的叶子很独特，摸上去就像是纸或者皮革一样，略带有粗糙感。杜鹃花的叶跟花一样，同样具有观赏价值。对于杜鹃花的美丽，我们已经很熟悉了，然而其有药用价值，你知道吗？

杜鹃花的神奇用途就是它能够

知识小链接

中国是世界杜鹃花资源的宝库，杜鹃花在中国的数量和种类，都是居世界首位的。在我国，以杜鹃花为市花的城市就多达七个或以上。在古诗中，杜鹃花从来都是诗人们抒发感情的重要题材之一。白居易曾这样赞美过杜鹃："闲折二枝持在手，细看不似人间有，花中此物是西施，鞭蓉芍药皆嫫母"。可见，杜鹃花的美丽以及药用价值在古代已得到认证。

❖ 杜鹃花

入药，一般的植物都能够入药，这没有什么了不起的，但是杜鹃的药用价值有些与众不同。杜鹃花的花、叶，还有根都能入药，并且有不同的功效。杜鹃花的花的部分，药性很平和，服用起来会有酸味，既可以内服，也可以外敷。内服具有调节妇女

❖ 杜鹃花

经血和祛风湿等功效，而捣碎外敷则可以治疗眼外伤红肿等症状。从杜鹃花体内提取出来的芳香油，也同样具备内服杜鹃花的功效，并且对跌打损伤、外伤出血以及肾虚耳鸣等症有很好的疗效。

杜鹃的叶入药之后，其功效跟杜鹃花的芳香油的功效基本相近，都具有清热去火和活血止血等功效。有一种杜鹃叶，其名为满山红，是杜鹃叶中具有代表性的一种，其药性偏寒，味道又辛又苦，还有小小的毒性。满山红止咳和祛痰的功效十分显著，主要用于治疗急性或者是慢性的支气管炎。与杜鹃花和杜鹃叶的效用相似的杜鹃根同样可以入药，也具有止血、祛风以及止痛的功效，主要用于治疗痢疾、风湿疼痛以及吐血等症状，具有相当不错的功效。

总的来说，杜鹃的药理价值主要有五点，分别是：降压、利尿、镇痛、抑制神经中枢、镇咳，平喘祛痰和抗炎抑菌。

❖ 杜鹃花

■ Part5 第五章

解密红豆杉

房子内部进行装修之后，70% 以上的家庭会存在室内污染、甲醛超标的问题。在植物界，有室内污染的"克星"，你知道是谁吗？

在植物界，有名的室内污染"克星"就是红豆杉，红豆杉是一种内外兼修，而且生命力十分顽强的植物。室内装修之后，会有大量有害的致癌物质甲醛，以及过氧化氮、苯和一氧化碳等有害物质。甲醛不仅会引发鼻咽癌、鼻腔癌和鼻窦癌等疾病，还可能诱发白血病；过氧化氮、苯和一氧化碳则会引起缺氧，造成呼吸功能减退，从而引起一系列呼吸道疾病，最终使人窒息死亡。针对这些室内装修后残存的有害气体，长期从事红豆杉研究的俞禄生教授介绍："红豆杉能吞噬室内 90% 以上的苯、一氧化碳、86% 的甲醛和过氧化氮，以及尼古丁等有害气体。此外，它还能将致癌物质甲醛转化成天然无害的物质。"

红豆杉全天都会吸收这些有毒气体，在晚间，它还会把二氧化碳转化为氧气，第二天早上，就能感受到新鲜的空气。因此，红豆杉十分适合养在室内。另外把红豆杉养在室内还有一个原因就是红豆杉美丽的外貌，红豆杉本身就具有很高的观赏价值，其树形很漂亮，果实成熟的时候，与树叶红绿相映，颜色的搭配十分

❖ 红豆杉

红豆杉根据生长地域和生物学特性可分为 11 个种类，除了南半球的澳大利亚有红豆杉之外，其余的红豆杉都是生长在北半球。红豆杉在我国也有生长，共有 5 个种类，其中 4 个是正常的种类，有一个是变种。这 5 个种类分别是：东北红豆杉、云南红豆杉、西藏红豆杉、中国红豆杉、南方红豆杉。

合适。红豆杉长得很美，但令人惊奇的是，它不像一些盆栽那样很难"伺候"，反而十分地好养，不需要经常浇水、施肥、翻土，它也能长得很好。这些优点使得红豆杉成为室内盆栽的不二之选，更成为城市绿化和家居美化的新贵。

红豆杉越来越受欢迎，使得很多商人都瞄准了这个市场。在 20 世纪 90 年代初，红豆杉差一点遭到灭顶之灾，这是因为红豆杉树皮中的紫杉醇具有抗癌功效的这一消息，从美国传入中国，引起了抢购热潮，红豆杉的价格也水涨船高。但是人们只要红豆杉的皮，再加上红豆杉本身生长缓慢，而且再生能力差，使得红豆杉几近灭绝。在经过控制以后，红豆杉才得以幸存，现在红豆杉已经是我国一级珍稀濒危保护植物。红豆杉虽然具有很高的药用价值，但是过度食用会使人中毒。

所以，红豆杉不但具有这么多的用途，而且十分珍贵，是我们需要好好保护的珍稀植物。

❖ 红豆杉

药用**石榴**

> 石榴是我们日常食用的水果之一，营养丰富并且含有大量的维生素C。石榴除了可以吃之外，你知道还有什么别的用途吗？

石榴原产于伊朗、阿富汗等国家，在汉代时候，通过丝绸之路传入中国。石榴作为人类引种栽培最早的果树和花木之一，现在已被广泛地引进到世界各个国家。

石榴，又名安石榴、金婴、山力叶，是落叶灌木或小乔木，在热带是常绿树。石榴十分喜欢光照充足的环境，并且有一定的耐寒能力。石榴的花期一般有 2~3 个月不等，比一般植物的花期要长，而结果的时间并不是很长，从开花到果实成熟的整个过程只需要 120 天左右。

食用具有丰富营养价值的石榴，有美容养颜抗衰老、保护眼睛和心脏、软化血管和补血养气等功效，如果经常食用石榴，有助于增强抵抗细菌和病毒的能力，还能治疗一些皮肤病和癌症。

知识小链接

具有丰富营养价值的石榴，单吃可以从中得到很多有益的物质，若有与石榴同时食用的食物时，要注意这种食物是否与石榴相克。与石榴同时食用会相克的是海味产品，其中以与螃蟹同时食用的恶果最大，不仅会降低石榴及螃蟹本身的营养价值，石榴还会使螃蟹中的钙质与鞣酸结合成一种新的不易消化的物质，从而刺激肠胃，使人出现腹痛、恶心、呕吐等症状。

❖ 石榴

❖ 石榴

石榴不仅具有丰富的营养价值，还具有很高的药用价值。在《圣济总录》和《圣惠方》等古医籍中对石榴的药用价值都有记载，认为石榴的药性属于良性，石榴的叶子、花和皮都可以入药。其中以石榴皮入药最多，而且其入药方式有些特别，是在翻炒之后才应用的，具有止血的功效，能止鼻血和外伤出血等。石榴皮除了止血，还有抑菌的功效，石榴皮内所含的石榴根皮碱，可以抑制伤寒杆菌、痢疾杆菌及各种皮肤真菌的增长。

石榴的叶具有消食积、助消化及健胃理肠的功效。其不仅可以直接入药内服，还可以熬成汁以外用，用这些熬制的汁液洗眼，有保护眼睛和治疗风火赤眼等功效。用石榴花泡水洗眼，有明目的效果。石榴树的根部含有鞣质，具有驱虫的效用，而石榴皮也同样有这个效用。

❖ 石榴

Part5 第五章

利尿良药

AOMIMI KEPU

车前草是利尿良药。它的名字来源于西汉时期口耳相传的故事。你有听过这个故事吗？你知道在这个故事里，车前草做了什么贡献吗？

在西汉时期，相传有一个叫马武的将军，他在一次率兵去驻守边疆的途中，不幸中了埋伏，更不幸的是被围困的地方天气炎热而且干旱无雨。几天之后，许多士兵和战马都死了，而幸存下来的人和马都得了尿血症，他们又苦于没有治疗的药物。这时，军中一个名叫张勇的马夫，他发现了他所管理的马的尿

❖ 车前草

知识小链接

在许多药方中都有加入车前草，而车前草是有其用药禁忌的。在不同药书中有不同的记载，例如：在《本草汇言》中记载的是：肾虚寒者尤宜忌之。而在《本草经疏》中记载的则是：内伤劳倦、阳气下陷之病，皆不当用，肾气虚脱者，忌与淡渗药同用。这两个用药禁忌中，都提到肾虚者是不宜用车前草这种药物的，因而这类人群在用药前，应该自己注意。

血症竟然都好了，后来他发现这是因为这些马吃了一种野草，这种野草长得很像牛耳，他管这种野草叫"牛耳草"。张勇把这个发现告诉了马武。马武得知后，马上命令全军将士用"牛耳草"煮水喝。数日之后，士兵们和马的尿血

症都治好了。

车前草的功效就是从那个时候流传下来的，而它叫车前草的原因是，故事中的马武坐着车，到车前草的生长地，在那里说了一句："此乃天助我也，好个车前草！"从此，车前草这个名字就十传百，百传千，为后人所知。

❖ 车前草

车前草是车前科植物车前或平车前等的全草，是多年生草本，通常生长在路边和山野。车前草常用于入药，其药名为车前子，车前子最早记载见于《本经》，记载了车前子初以种子入药。

车前草的叶子中含有钙、磷、铁等微量元素，而且含有维持人体生命活动的基本物质。其药用功能主要有清热利尿、凉血、解毒、清肝明目、祛痰止咳等功效、主要用于治疗热结膀胱、小便不利等症状。除此之外，还有其他药理作用，包括镇咳、平喘、祛痰、对胃、肠道抗炎的作用。另有临床试验证明，车前草还能治疗细菌性痢疾、消化不良、高血压病、颞下颌关节紊乱症及慢性气管炎等症状。

在这么多的药用价值中，其利尿作用是最为有名，而且也是各种中药中较为出色的。车前草对人体和某些动物的泌尿系统有一定的影响，可以使他们体内的尿素、尿酸及氯化钠等物质的排出量增加，还能使他们所排出的水分量增加，从而达到利尿的效果。

❖ 车前草

Part5 第五章

抗癌之树

目前，癌症还是一个不治之症，许多人是"谈癌色变"，并且每年死于癌症的人越来越多，因而癌症成为了威胁人类健康和生命的头号杀手。

为了可以消灭这个杀手，科学家们都努力寻找抗癌药物。但是结果都是令人沮丧的，在科学家们受到打击的时候，发现了美登木——抗癌之树。

美登木为什么能够成为抗癌之树呢？是不是所有癌症它都能治疗呢？让我们一起来深入了解一下美登木。美登木这个名字，不仅是植物名，也是药名，这种树木是属于卫矛科的一种灌木，它长得并不算高，且常常生长在高大乔木下面。但是由于美登木比较喜欢阴湿的环境，生长在雨林密闭，不见天日之地，所以也很难见到它。治癌"专家"美登木虽然很难找到，但是在我国云南的西双版纳却有广泛的分布，在勐仑自然保护区的河谷雨林中就有数万棵美登木。

美登木最大的价值就是药用价值，并且

知识小链接

虽然美登木的出现，让人们看见了消灭癌症的希望之光，但是这还是远远不够的，美登木并不是所有癌症都能医治。植物学家仍然在努力寻找抗癌植物，在南美洲的热带雨林中，他们惊奇地发现了几种具有抗癌功能的植物，其中最具代表性的，是以下这两种：一种蓝花楹属，有显著的抗癌效果；一种巴豆属植物，其乳汁可以作为治疗胃癌的药物。

❖ 美登木

❖ 美登木

是现有的药用植物中，所做的贡献是最大的。美登木的根、茎、叶都可以入药，具有败毒抗癌和化瘀消肿的药效，入药后的美登木既可内服，也可外用，都有很好的疗效，特别是治疗跌打伤和腰痛。从美登木的根、茎、叶中提炼出来的物质分别是美登新、卫矛醇、琥珀酸、丁香酸和羧基曲酸等化学成分。专家们经过了多次的实验和临床实践，证明了这些化学成分对抑制多种动物和人

❖ 美登木

体的肿瘤的生长和扩散有显著的作用。美登木与半支莲、白英、白花蛇舌草等药材的配合，对治疗癌瘤积毒和肝癌有一定的疗效，而美登木片可用于治疗慢性粒细胞性白血病。云南热带植物研究所，为了制造美登木片，专门建立了小型加工厂。

Part5 第五章

安神灵药

在炎热的夏季，一树红花绿叶，特别使人心旷神怡，看着这一树绯红的花朵，闻着其发出的清香，你会感到心神安宁，有一种心境平和的感觉。这种花被称为是"安神灵药"，你知道这种花是什么花吗？

含羞草对触觉是十分敏感的，如果它的叶子被碰触到，就会马上闭合起来。像含羞草的叶子一样，我们要说的这种"安神灵药"的叶子也是会闭合起来的，但是它并不是对触觉敏感，而是对光和热非常敏感，在夜晚和炎热的时候，其羽状复叶会逐渐收拢，并紧紧地贴在一起。这种这么神奇的"安神灵药"就是合欢花。

合欢属于落叶乔木，为含羞草科的合欢属。合欢花通常是一簇一簇地长在枝头，原因是合欢花花序的主轴在开花期间，可以继续生长，向上伸长，不断产生苞片和花芽，跟羽毛状的复叶形成花红叶绿的景象。由于合欢花大部分是淡红色的，跟锦绣团和红樱花的颜色很相似，因而合欢树也

知识小链接

合欢花通常都是被干燥之后才入药的，没有辨别经验的人很难辨认。那么，怎么样才能辨别出干燥后的合欢花呢？方法很简单，就是从其外形特点入手。合欢花的干燥花序呈团块状，花的颜色并不是跟新鲜的合欢花一样的颜色，而是呈淡黄褐色或绿黄色，其花丝闻起来有淡淡的香气，长得又细又长，并且伸到花冠外，交织杂乱，很容易就能折断。

❖ 合欢花

被叫作绒花树，合欢花也被叫作马缨花。

❖ 合欢花

合欢花不仅长得很好看，还有宁神的功效，被誉为是"安神灵药"。在众多的医药著作中均有记载，如《四川中药志》对合欢花的功效做了这样的记载：能和心志，开胃理气，消风明目，解郁安神，治失眠，调肾虚。在江西《中草药学》中，也同样记载了其安神的功效，所记载的内容是："解郁安神，和络止痛。治肝郁胸闷，忧而不乐，健忘失眠，性欲寡淡。"

因此，合欢花入药之后，大部分是安神之用。合欢花所含的合欢甙，有解郁安神、滋阴补阳以及理气开胃等效用。当人感到心神不安，或者是忧郁失眠的时候，服用合欢花则可以安五脏，和心志，不仅可以解除忧郁之症，并且还会开心起来。

❖ 合欢花

■ Part5 第五章

解毒高手

在植物界，有一个大名鼎鼎的解毒高手，你知道这个高手是谁吗？它除了解毒还有什么本领呢？

这位解毒高手的名字来自于《本草纲目》，在刚刚开花的时候，它的花瓣是银色的，过了一些日子之后，一部分银色花瓣变为金黄色，这个时候，整朵花看起来黄白相间，因此而得名为金银花，它就是植物界的解毒高手。

我们日常生活中，常常可以看到金银花，它给我们的印象是清香扑鼻，

❖ 金银花

知识小链接

金银花在我国的大部分地区都有种植，其中以山东的产量最高，并且有"东银花"的称号。而药效最好的是河南密县产的金银花，还有注册的商标，其商标为"密银花"。在日常生活中，金银花通常是以中药植物出现，在药店里常常能找到。而随着科技的发展，金银花也被制成了常用中成药，如银翘解毒丸、银翘解毒片以及银翘散等。

而且长得很清雅。金银花是很容易种植的，它的生存能力十分强，无论洪涝还是干旱，它都能忍耐，并且它也不挑生长的地方，无论是酸性土壤，还是碱性土壤都能生存，你只要给金银花喜欢的阳光，还有湿润的环境就可以了。

即使是粗放管理也能成活的金银花，却在它小小的身体里装着大本事。

金银花属忍冬科忍冬属，是多年生缠绕木质藤本植物，因而拥有卓越的攀爬能力。它的这种飞檐走壁的能力，使得自己的生存面积变得更大，繁衍范围增加。金银花的繁衍方式有很多，春夏秋这三个季节，都可以采用扦插、压条和分株等方法进行繁殖。

❖ 金银花

在了解了解毒高手金银花的基本情况之后，下面将深入了解金银花的解毒绝招。首先，金银花身体的各个部分都能入药，如花、茎、叶都能入药，金银花的主要入药部位是花蕾。因为花蕾内含有木樨草黄素、木樨草黄素葡萄糖甙，同时也含有肌醇、皂甙等成分，具有清热解热的功效，还是对付热毒疮痈、咽喉肿痛、湿热痢疾等疾病的高手，并且还有助于消耗胆固醇。

解毒高手金银花，当然不仅仅只有清热解毒这个绝招，它还有抗肿瘤的奇效，同样是以花蕾为入药部位。金银花还是一个"辨毒高手"，对部分细菌很敏感，其中对金黄色葡萄球菌最敏感，绿脓杆菌次之，同时对大肠杆菌、宋氏痢疾杆菌、伤寒杆菌等也十分敏感。

❖ 金银花

Part5 第五章

仙草

AOMIAOPU

从古至今，有一种仙草被认为是吉祥、富贵、美好、长寿的象征，我国中药宝库里的珍稀品种，还被西方国家誉为"神奇的东方蘑菇"。这种神奇的仙草，它的庐山真面目究竟是怎么样的呢？

在《神农经》的记载中，是用"山川云雨，以生无色神芝，为圣王休祥"这句话形容这种仙草的，可见这种仙草的珍贵性。在这句话中，聪明的你肯定猜到这种仙草就是灵芝。自古以来，灵芝就是中医药宝库中的珍品，有仙草、神芝、瑞草之称，被认为是祥瑞之物。在很多民间神话故事中，灵芝被塑造成一种不仅能够起死回生，还能让人长生不老的神药。在《新白娘子传奇》中，白娘子偷来救许仙并且令许仙起死回生的那棵仙草就是灵芝。在武夷山彭祖的传说中，据说彭祖就是用灵芝养生，即使活到了七百多岁时，还是保持着青春的容貌。

不断被神化的灵芝，其实它只是属于多孔菌科的一种植物而已。我们常说的灵芝其实就是指整棵的赤芝、紫芝，它们都是灵芝中的代表品种。灵芝的外形与蘑菇相似，但并不相同，灵芝的颜色以黑色居多，但还有其他不同的颜色，如紫芝和赤芝就是以其自身的颜色所命名的。灵芝的顶端被称为菌盖，菌盖的颜色影响着灵

❖ 灵芝

虽然灵芝是仙草，但是并不是每一个人都适合食用这种仙草，而且要慎用灵芝。在《本草经集注》中记载灵芝："恶恒山、畏扁青、茵陈蒿。"此外，灵芝也会使人发生不良反应，一般食用口服灵芝是没有不良反应的，但灵芝注射液会使人发生过敏反应。在食用灵芝的时候，有少数人会对灵芝有过敏反应，还有一类是在手术前后的一周内，或正在大出血的病人，这两类人均不适宜食用灵芝。

芝的颜色，赤芝的菌盖皮壳是黄褐色，而红褐色紫芝顶端为木栓质，菌盖是紫黑色的皮壳。在菌柄部分，这两种灵芝都是呈红褐色至紫褐色的。赤芝的菌肉近似于白色或者淡褐色，菌管的管口在初期的时候为白色，而在后期会变成褐色。紫芝则是菌肉和菌管都是呈锈褐色的，菌管不会变色，但表面有环状棱纹和辐射状皱纹。

长得并不是十分神奇，但又有着神奇的背景，那么灵芝真正令人们感到神奇的地方在哪里呢？灵芝之所以被奉为珍宝，是因为它的功效。灵芝含有麦角甾醇、有机酸、多糖类、树脂、甘露醇等多种成分，对调节血糖、控制血压、保肝护肝、促进睡眠等都有很好的疗效，灵芝在医学上占有重要的地位。

❖ 赤灵芝

Part5 第五章

本领强大的**蒲公英**

在田间地头、山间沟谷、村边草地、路旁，都有它的身影，它没有艳丽的颜色，也没有诱人的香气。它一直以最平凡的姿态，在我们的身边默默生长，即使是身怀十八般武艺，也从不炫耀。它就是蒲公英。

白绒绒的蒲公英妈妈，会让它的孩子们乘着降落伞，到各处去旅行，并且落地生根。这是蒲公英一直以来给我们的印象，而实际的蒲公英是不是只有这样的呢？这样普通的蒲公英，在它小小的身躯里究竟还藏着什么本领呢？

黄花地丁和婆婆丁是蒲公英的别名，属于菊科多年生宿根草本植

知识小链接

无论是食疗，还是药用，蒲公英都有很多效用。在本领这么强大的蒲公英身上，根据蒲公英的不同特点，有不同的花语。根据蒲公英是靠风力传播的这一共同特点，其花语是停留不了的爱和无法停留的爱，而根据蒲公英具有诱惑力的花蜜，秋蒲公英的花语是诱惑。其中最特别的是紫蒲公英的花语，花语是"传说的紫色"，传说谁能找到紫色的蒲公英，谁就能得到完美的爱情。

❖ 蒲公英

物。在大地回春的时候，蒲公英开始生长，它最先是长出花茎，在刚开始的时候，叶子是跟花茎一样长的，随着时间的推移，在结成果实的时候花茎会长得比叶子长。蒲公英的花是长在花茎的顶端的，花朵凋谢了以后，种子上的白色冠毛就会结成一个个绒球，成熟

❖ 蒲公英

以后的种子就是我们常见的能够随风而飞的蒲公英的绒毛。

　　蒲公英真正厉害的本领不是种子可以随风而飞，到处播种，而是它的营养价值和药用价值。现代科学实验证明，蒲公英含有葡萄糖、维生素、胡萝卜素等多种健康营养成分和微量元素，而且我国的卫生部门已将其列为药食两用的品种。在日本，蒲公英甚至被制作成功能性饮料，以及酱汤、花酒等保健食品，而且十分受欢迎。这是因为蒲公英的含钙量是番石榴的 2 倍、刺梨的 3 倍，而且铁含量是刺梨的 4 倍，并且富含具有很强生理活性的硒元素。

　　在《神农本草经》《唐本草》《本草纲目》等著名的中医学专著中，蒲公英都被给予了十分高的评价。蒲公英不仅对于利尿、缓泻等有神奇的功效，还有退黄

❖ 蒲公英

疸、利胆等功效。在《本草正义》中有这样一段对蒲公英的记载："蒲公英，其性清凉，治一切疔疮、痈疡、红肿热毒诸证，可服可敷，颇有应验，而治乳痈乳疗，红肿坚块，尤为捷效。鲜者捣汁温服，干者煎服，一味亦可治之，而煎药方中必不可缺此。"从这段记载中，足以了解到蒲公英的本领。

❖ 蒲公英

现在，在特殊的情况下，蒲公英甚至可以代替抗生素使用。因为从一系列的抑菌实验中，证明了蒲公英能杀死金黄色葡萄球菌、溶血性链球菌、肺炎双球菌、脑膜炎双球菌、白喉杆菌、绿脓杆菌、痢疾杆菌、伤寒杆菌、卡他球菌等真菌和病毒。

拥有十八般真本领的蒲公英，依然是低调地默默奉献着自己，让我们的生活变得更健康美好。

Part5 第五章

驱毒良药

AOMIAOPU

"毒"在中医学里有两种含义：一是指邪气；二是指药物的作用强弱，分大毒、中毒、小毒三级。在植物界，有驱毒良药之称的板蓝根，是不是真的能驱除所有的"毒"呢？

板蓝根最有名的时候，应该是在"非典"期间。传闻板蓝根冲剂可以抗病毒和预防病毒性感染，使得在全国范围内，掀起了板蓝根的抢购热潮。其实，早在20世纪70年代，板蓝根已经有一定的名气。在"中草药群众运动"中，板蓝根以及以板蓝根为主要成分的种种制剂也应运而生，并且在以后的几十年中，板蓝根冲剂也得到了很大的经济效益。但是板蓝根真的是无所不能的吗？板蓝根对所有病毒都有很强的抵抗能力吗？

让我们用更加客观、科学的眼光来看待板蓝根。被誉为"驱毒良药"的板蓝根，它实际上驱的是什么毒呢？如果要想知道板蓝根能驱什么毒，就要先了解"毒"的含义。"毒"在西医和中医的理念中是两个不同的概念，在西医的范畴内，西医会认为这个"毒"是"病毒"，那么我们常用板蓝根冲剂，则是一种抗病毒的药。而在中医学里，"毒"有两种含

❀ 板蓝根

义，分别指邪气和药物的作用强弱。"毒"拥有这两种含义的原因是：中医通常把能对人体机能造成伤害的因素，或者自身的病理性产物通称为"邪"或者"毒"，并且把"毒"分成大毒、中毒、小毒三级。在《素问·五常政大论》中，对大毒和小毒的效用有相关的记载，"大毒治病，十去

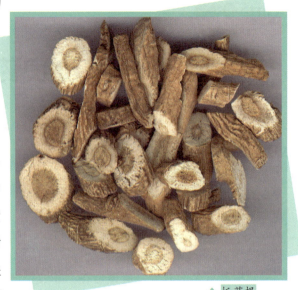

❖ 板蓝根

其六，常毒治病，十去其七，小毒治病，十去其八，无毒治病，十去其九"。

因此，板蓝根能够驱的毒应该是人体内的热毒，以及具有抗菌抗病毒的

❖ 板蓝根原状

作用。板蓝根在与其他中药配合得当的基础上，对于治疗流行性感冒、肝炎、肝硬化等疾病均有疗效，并且还可以预防流行性腮腺炎和流行性乙型脑炎等。

虽然板蓝根一直被认为是"驱毒良药"，但是它的药用价值和药用效果，对西医来说还缺乏一定的科学依据。如果板蓝根要成为真正意义上的西药，还需要获得西医的药理学的一系列指正和认可。不过，目前有一点是可以肯定的，就是无论是否得到认可和验证，中药的板蓝根和西药的板蓝根，从板蓝根中所提取的有效成分是不同的。

Part5 第五章

金不换的"三七"

三七,这一个对我们来说有一些陌生的植物名字,它究竟是什么呢?它也是一种重要的中药材吗?让我们一起来揭开它神秘的面纱。

其实,三七在很早很早以前就已经十分有名了,它是起源于 2.5 亿年前第三纪古热带的残余植物。三七对生存环境有很苛刻的要求,因此,三七的产量并不算太高。我国云南省文山州是其原产地和主产地,多分布在云南东部、广西西部,距今已经有近五百年的栽培历史。三七还有另一个名字,就是我们熟悉的田七。在明朝的时候,李时珍称三七是"金不换",并且三七这个名字是出自李时珍所著的《本草纲目》。

此外,在多本医学名著中,都有对三七的记载。在 1912 年版的《中国医药大辞典》中,是这样记载三七的:"三七功用补血,去瘀损,止血衄,能通能补,功效最良,是方药中之最珍贵者。三七生吃,去瘀生新,消肿定痛,并有止血不留瘀血,行血不伤新的优点;熟服可补益健体。"在《玉楸药解》中,也有对三七的记载:"三七能和营止血,通脉行瘀,行瘀血而敛新血。凡产后、经期、跌打、痛肿,一切瘀血皆破;凡

❖ 三七

吐衄、崩漏、刀伤、箭伤，一切新血皆止。"而在《本草纲目拾遗》中，更把三七奉为"三七补血第一"的最珍贵的中药。

❖ 三七

从这些中医药名著中，我们可以了解到三七的珍贵以及其神奇的效用。三七，属多年生草本植物，这是一般的三七的属性，而中药中的三七并不是指全部的三七，只是指五加科植物三七的干燥根，即五加科人参属假人参的变种，是中国特有的名贵中药材。三七性温味甘微苦，具有活血化瘀、消肿止痛、补益气血等功能，是中药中不可忽视的中药药材。

三七除了可以药用，也可以与食物结合，做成药膳，三七在适当的调配下，与食物结合制成的药膳，可以达到有病者治病、体弱者保健和健康者强身的效果。三七不仅能与食物结合发挥作用，还被加入到牙膏中。三七，可谓在各个领域中都发挥着自己的作用，是我们人类中药宝库中不可缺少的一员。

❖ 三七

Part5 第五章

解毒妙药

扁鹊、华佗等古代医家为病人做外科大手术时，为了减少病人在手术中的痛苦，会使用麻醉药使病人暂时失去知觉，而在手术之后，会用催醒药使病人恢复知觉。这种催醒药是由一种有解毒功效的妙药制成的，你知道这种妙药是什么吗？

根据史料记载，催醒药多数是用单味或复方甘草汤制成的，不仅仅是催醒药，宋元时期的蒙汗药、迷魂药的解药几乎也是用与催醒药相类似的成分制成的。这种药就是甘草。根据你一直以来对甘草的印象，也许你会怀疑甘草是不是真的有这样神奇的解毒功能。如果你深入了解了甘草之后，那么你的看法或许会改变。

甘草属于豆科草本植物，即使成熟了，也只能长到几十厘米高。甘草的外形十分美丽，一串串犹如蝴蝶般的小花，在郁郁葱葱的叶子间，仿佛一下子就会飞走似的。当微风吹动这些美丽的甘草的时候，成片生长的甘草显得更加的赏心悦目。在甘草身上，最有价值的并不是美丽的小花和青葱的叶子，而是它最不起眼的根部。它的根部呈红褐色，为圆柱形，是甘草常用于入药的部位。

在 2000 多年前，就有著作记载

❖ 甘草——中药材饮片

了甘草根能够入药，并受到很高的推崇。不仅南朝陶弘景将甘草尊称为药中"国老"，称甘草是"众药之王"，还有《神农本草经》将甘草列为中药材的上乘之选。甘草入药后有解毒、祛痰止咳、补脾益气、缓急止痛、降低胆固醇、抗惊厥等多种疗效，深受人们的喜欢。其中甘草的解毒作用最受到人们的喜欢。无论是我国古代医学家，还是我国普通的老百姓，都认为甘草能解百毒，是解毒的灵丹妙药，因此，在民间流传的解毒药方中，都有甘草的身影。据说，在古时候的广东广西地区，人们都有随身携带甘草根的习惯，这是为了预防食物中毒而准备的，甘草的解毒功能可见一斑。甘草除了解毒之外，还具有调和众药的功效，被广泛地使用在中医的药方中，其目的是为了减少不同药物之间的相克或相乘的作用，因而，甘草被认为是药界的"关公"。

知识小链接

民间流传的含有甘草的解毒秘方：铅中毒：生甘草 15 克，杏仁（去皮、尖）20 克，水煎服，一日两次，连服 3 ~ 5 天；相思子中毒：可用甘草 30 克、金银花 15 克、黄连 6 克、防风 15 克，水煎两次合在一起，每 4 小时服 1 次，两次服完；砒霜中毒：甘草伴黑豆，恣饮无虞；有机磷农药中毒：甘草 200 克，滑石粉 25 克，甘草煎汤，冷后冲滑石粉服用，一日 3 次。

　　具有这么多药用价值的甘草，它的味道很平易近人，甘甘甜甜的，是人们喜欢而且是难得的中药的味道，这也是甘草如此受欢迎的原因之一。甘草中含有的甘草甜素是甘草主要的甜味成分，同样也是很有效的解毒物质。

　　甘草作为目前中医大夫和患者最常使用和最易接受的中药，无论是单独入药，还是在复方中应用，都能起到很好的解毒效果，还有强健筋骨、长肌肉、延年益寿等功效。

❖ 植物甘草

Part5 第五章

"果中仙品"松子仁

被清代名医王孟英誉为"果中仙品"的松子仁，是人们在闲余时间最喜欢吃的干果之一。美味可口的松子仁除了可以吃之外，还有什么用途呢？

松子又名海松子、新罗松子，是松科植物红松的种子，松子仁是松子的种仁，尝起来很甘甜，具有很高的营养价值。最常见的松子仁的吃法就是直接食用，虽然很美味，但不宜过多，每天吃大概二三十颗即可。除了直接食用，还可以跟其他食物一起炒食，或者碾碎后煮食也是很常见的吃法。常常食用松子仁有养颜美容和延年益寿的效果，而儿童多食用松子仁，还能促进骨骼发育，健全牙齿的发育，并且对患有佝偻病的儿童也有一定的辅助治疗作用。

从汉朝开始，松子仁的食用价值和营养价值就已经开始被记载于医学文献中。《本草经疏》中对松子仁延年益寿的功效有这样的记载："味

知识小链接

虽然松子仁的营养价值很高，但并不是所有人群都适合食用和药用的。一般人是可以享受到松子仁所带来的食疗和药用价值的，而胆功能严重不良的人要慎食松子仁，最好是不吃，有便溏、精滑、咳嗽痰多、腹泻症状的人则是忌用松子仁。此外，有是当松子仁存放时间长了的时候，会产生"油哈喇"的味道，这时不适宜食用。

❖ 松子

道甘甜，可以补血，血气充足，则五脏自润，发白不饥。仙人服食，多饵此物，故能延年，轻身不老。"松子仁里饱含脂肪，能滋阴补血，滋润内脏与皮肤、毛发，并使皮肤、毛发变得更光滑润泽。因而，在《玉楸药解》中，有对松子仁美容养颜的这个功效的记载："润肺止咳，滑肠通便，开关逐痹，泽肤荣毛。"

❖ 松子

松子仁不仅有美容养颜、延年益寿的功能，还具有滋阴润燥、扶正补虚的功效，促进血液循环，有效地防止动脉硬化。古人从长期实践中得知，松子仁具有良好的延缓衰老、抗衰老的作用，并且对肺阴亏虚型咳嗽，老人津枯肠燥便秘等症状有治疗作用。在《列仙》一书中，记载了关于犊子能活到一百多岁的故事，书中说犊子因为经常食用生长在黑山的松子仁、茯苓，所以活了一百多岁。虽然这只是古代流传下来的故事，其真实性没有得到证实，但现代的科学已经证实了食用松子仁的确有助于生发和乌发。

❖ 松子

Part5 第五章

天然保湿圣品

现在，很多美容产品都用植物作为天然成分，用来吸引消费者。而在这么多产品中，芦荟是最常见的成分之一，芦荟到底蕴藏着什么本领呢？

目前，我国最具权威性的药典——《中华本草》，将入药后的芦荟，归纳成保护皮肤、修复组织损伤、润肠通便、抗肿瘤、保肝护胃、杀菌消毒和调节人体免疫力等七个药理作用。对于芦荟的药用记载，古代或现代的药典都有详细的记载，并且无论中外的药典都是有记载的。我国有著名的药典《本草纲目》和《中华本草》等，国外的药典则有意大利的《意大利本草》、希腊的《希腊本草》以及朝鲜的《东宝医鉴》等药典。

不仅是现代，在古代，人们就开始把芦荟作为天然美容护肤的产品来使用，尤其是生活在福建、云南等地的女性，更是自古就用芦荟美容的。在全世界，芦荟美容也是十分流行，例如在欧美市场上销售的化妆品，其中含有芦荟成分的就占了大约80％的比例，可见芦荟在化妆品中的地位和功效。

芦荟如此受欢迎的原因是什么呢？这是因为被誉为"守护健康的万能药草"的芦荟，其天然萃取物——芦荟汁，含有多种对人体有益的营养成分，并且有保湿的功效。其实，不仅芦荟

❖ 芦荟

的天然萃取物中含有大量的营养物质，芦荟本身也含有 75 种与人体细胞所需的物质几乎完全吻合的元素，并且含有具有护肤养颜功效的 20 多种微量元素，如水合蛋白酶、维生素、氨基酸矿物质以及钾等元素。其中氨基酸和多糖等物质是天然保湿因子，并且在芦荟中大量存在，这是芦荟能成为天然保湿圣品的重要因素。此外，这些天然保湿因子除了可以滋润皮肤，给予皮肤营养之外，还能美白肌肤，使肌肤保持光滑和弹性。

知识小链接

在古代，还没有现在这样的萃取技术，古人运用他们的智慧，使得芦荟的功效能够得到更大的发挥。古人运用的是芦荟沐浴美容养颜法，这是全身美容最有效的方法之一。方法很简单，将芦荟、柚皮、橘子皮、玫瑰花瓣放入浴池内，在池水中沐浴的时候，结合指压和按摩，使得全身得到滋润。

芦荟所含的成分不但是保湿圣品，还是天然美容圣品，并且对身体各个部位都有美容的作用。芦荟中含有的蒽醌甙物质，对头发和头皮都有很好的美容作用，除了能保养头皮、祛屑，还能够使头发柔软有光泽，并且对预防和治疗脱发、白发、稀发较有疗效。芦荟中所含的芦荟大黄素甙、芦荟大黄素等成分，则有促进新陈代谢、加强血液循环和强化五脏六腑等功效。芦荟还是天然的防晒霜，

❖ 芦荟

其所含的天然蒽醌甙等衍生物，能够吸收紫外线，肉桂酸酯和香亚酸有隔离紫外线的功效。

在使用芦荟的时候，我们要注意芦荟一般是用于外敷的，如果不谨慎食用会发生危险，因为一般食用 9~15 克的芦荟就有发生中毒的可能。

Part5 第五章

镇咳良药

当问止咳良药是什么的时候，大部分人的回答是川贝、枇杷。你知道除了这两种止咳的药用植物，还有一种被称为镇咳良药的草本植物吗？它就是紫菀。

紫菀，又名青菀、紫倩、夜牵牛，是一种属于菊科，常见的多年生草本植物。紫菀的茎部一般是直立的，而且长得很粗壮。紫菀的叶子是很特别的，在紫菀的不同位置，其形态是不一样的。在基部的叶子就很茂盛，不仅叶茎长，其叶子也很大，呈长椭圆形。而在

有一种名字是滇紫菀的植物，虽然与紫菀是属于同一个科的植物，但是它并不具备紫菀的功效，并且常常被不良的商人拿来冒充紫菀。真品紫菀和伪品滇紫菀有以下这几种不同，人们可以据此来判别紫菀的真伪。紫菀的根茎呈圆形疙瘩头状，底部常有一条未除净的母根，而滇紫菀呈不规则块状，并且下端有多数圆柱形细根。此外，紫菀质地柔软，不易折断，滇紫菀质实而脆，很易折断。

❖ 紫菀

茎的部位长出来的叶子是针形茎生叶，没有叶柄。紫菀的花的颜色从其植物的名字就能猜出来，是紫蓝色的，这种颜色的花看起来十分典雅高贵，煞是好看。

紫菀是一味中药，有止咳祛寒之

功效。主要以紫菀的根部入药，紫菀的根部含有紫菀酮、槲皮素等成分，具有润肺下气、化痰止咳的功能，主要医治痰多喘咳、新旧喘咳等症状。现代药理研究表明，紫菀有显著的祛痰镇咳作用，其药效可持续 4 小时以上，同时对多种致病菌有一定抑制作用。入药后的紫菀根，药性十分温和，但是尝起来带有苦味。

❖ 紫菀

虽然紫菀是镇咳的良药，但是并不是所用人都适用，有实热者不宜服用。此外，在各种医书中也有记载关于紫菀的用药禁忌，例如：《本草正》记载道："劳伤肺肾、水亏金燥而咳喘失血者非所。"即因为劳伤肺肾之气，以致肾虚，根本不固，水指肾水，火指心火。肾水不足而致水不济火，使心火独旺，出现心烦、失眠或睡卧不宁的证候。也指肾阴，肾阳的失调所制的咳喘。

Part5 第五章

粗粮之首

AOMI KEPU

在日常饮食中，在食用主食的同时，如果能够同时食用适量的粗粮，那么对身体是很有好处的。在粗粮的家族里，是以哪一种粗粮为首呢？

答案就是红薯，又叫白薯、甘番、红苕、金薯、地瓜。红薯是地瓜的学名，在日常生活中，我们更习惯用地瓜来称呼红薯。在我国红薯的种植面积很广，被认为是物美价廉的营养保健食物，不仅可以粮菜兼用，还有健身保健的功效，因此，深受人们的喜欢。

红薯是一年生的双子叶植物，旋花科植物番薯的块根。其糖分的含量十分高，富含多种维生素以及钾、铁、铜等10余种微量元素和亚油酸等，其中，以胡萝卜素含量最为丰富，在粮食和蔬菜中占有重要地位，被营养学家称为营养最均衡的保健食品。营养含量丰富是红薯成为长寿食品的原因之一，同时，丰富的淀粉和膳食纤维有助于刺激肠道加速

知识小链接

对于红薯的吃法，除了可以煮熟或蒸熟，我们最常见的吃法，其实是把红薯制成红薯干。红薯干是最受欢迎的休闲小吃之一，同时也是山东的传统土特产。红薯干的做法是将整块红薯蒸熟去皮，切制，自然晾晒，晒好之后，红薯干的表面会有一层白霜，这些白霜其实是从红薯里自然蒸发出来的糖分，也是具有营养价值的，可以放心食用。

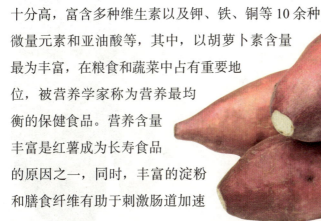

❖ 红薯

蠕动，降低肠癌的发生概率，同时有利于阻止血液中胆固醇的生成，减少发生冠心病的可能性，在能有效预防便秘的同时还能通便排毒。因此，红薯被日本国家癌症研究中心列为20种抗癌蔬菜之首，可见红薯的保健效用。

❖ 红薯

除了以上两个原因，还有一个很重要的原因就是红薯体内含有一种特殊的糖蛋白，这并不是普通的糖蛋白，这是一种能够保持人体心血管壁的光滑、弹性，防止动脉栓塞的糖蛋白，它不仅有助于阻止糖类转化为脂肪，减少皮下脂肪，以降低肝肾中结缔组织萎缩发生概率，同时还润滑呼吸道、消化道、关节腔和浆膜腔。

红薯既然有这么多营养成分，那我们要怎样做，才能很好地吸收这些营养成分呢？红薯有丰富的淀粉含量，但是这些淀粉粒外面包裹着一层坚韧的细胞膜，这层膜不经高温破坏，会很难消化吸收，因此，在煮食红薯的时候，一定要将它蒸透或煮透才能吃。吃红薯的量一次也不能很多，红薯内含有一种氧化酶，会在胃肠道产生大量的二氧化碳气体，吃多了会腹胀、呃逆、放屁。红薯含糖量较高，会刺激胃酸，使其大量分泌。其实，红薯是一种碱性食品，最好是跟其他粮食配合在一起煮食。因为，这种煮食搭配的方式，使红薯能中和于肉、蛋、米、面所产生的酸性物质，起到使保持体内酸碱平衡的作用，有效抑制胃酸，防止出现腹胀、烧心等症状。

因此，在食用红薯的时候，要注意分量和做法，使自己吃得健康。

❖ 红薯

Part5 第五章

别样的苦瓜

如果要选一种味道很苦的蔬果，那么大部分的人都会说出苦瓜这个答案。因为苦瓜的味道，很多人并不是十分喜欢吃。

你知道吗？一个小小的苦瓜里，竟然藏着极丰富的营养。让我们一起来看一下，苦瓜除了苦的一面之外，还有什么是我们不知道的。

苦瓜，在有的地方，人们习惯叫它为凉瓜，它还有癞瓜、红姑娘、普达、红羊等别名。苦瓜的出生地至今仍是一个谜。一般认为出自热带地区，并且在热带、亚热带和温带地区都十分常见，在南亚、东南亚、中国和加勒比海群岛均有广泛种植。在 17 世纪时，苦瓜被引进欧洲，但是却作为一般供人观赏的植物，并不是蔬菜。

苦瓜是葫芦科植物，为一年生攀缘草本植物。果实呈现着长圆形或者卵圆形，果实的两头都是尖的，表面有许多瘤状突

知识小链接

虽然食用苦瓜有很多好处，但并不是每一个人的体质都是适合食用苦瓜的。例如脾胃虚寒者就不适宜食用苦瓜，因为苦瓜性寒。此外，还有孕妇也不适宜食用，因为苦瓜含奎宁，会刺激子宫收缩，引起子宫出血，从而导致流产。同时，即使是适宜食用苦瓜的体质的人，也不能多吃，食用过量，会引起恶心、呕吐等症状。

❖ 苦瓜

苦瓜

起，在没有成熟的时候是嫩绿色的，成熟时就变成了橘黄色，也就是我们常常见到的苦瓜颜色。苦瓜的味道很苦，是因为其体内含有苦瓜甙。

虽然苦瓜的味道很苦，但是苦瓜蕴含着很多营养元素，如蛋白质、碳水化合物、维生素C等营养物质。苦瓜子与苦瓜瓤同样具有丰富的营养物质，可以与果肉一起食用，营养更胜。苦瓜的苦味不但可以除邪热，而且还可以清凉降火，同时养血益气。因此，在夏天的时候，苦瓜成为了消暑圣品，无论是热炒、凉拌、煲粥，还是做成茶、酒，都是受人们欢迎的消暑圣品，具有降火、解毒、减肥、调节新陈代谢的功效。

苦瓜除了可以吃，还可以入药。早在明朝时，苦瓜被《本草纲目》列入医书，这是苦瓜第一次被列入医药书。苦瓜被誉为"药中蔬菜"，有祛邪热、解劳乏、清心明目等功效，还有降血糖、抗肿瘤、抗病毒、抗菌、促进免疫力等作用，还可用于防治中暑、痢疾、恶疮、赤眼疼痛，等等。苦瓜不仅是菜中良药，还有减肥的功能，是许多减肥人士的最爱，但是要在正确的食用方法下，才能实现减肥的效果。

苦瓜

Part5 第五章

万能百合

清香淡雅的百合，在群芳之中，犹如高雅纯洁的天使。百合除了有观赏作用，还有什么用途呢？百合是不是真的可以入药呢？

百合属于百合科多年生草本球根植物，味甘微苦，性微寒，又名"蒜脑薯"，这是因为"其根形似大蒜，其味如同山薯"。百合的地下鳞茎由卵形或针形、白色或淡黄色的肉质鳞片合抱呈球形，仿佛由百片组成，因而得名百合。百合的主要应用价值在于观赏，其球茎含丰富淀粉质，部分品种可作为蔬菜食用。其含有秋水仙碱等多种生物碱及淀粉、蛋白质、脂肪及钙、磷、铁，维生素 B_1、维生素 B_2、维生素 C，胡萝卜素等营养元素，这些营养物质在人体内共同发挥作用，既能补益，又能解秋燥，滋润肺阴。

百合除了作为观赏性植物之外，还有作为食用的材料，其食用方法也

◆ 百合

知识小链接

不同颜色的百合花，其花语也是不同的。在中国百合具有百年好合、美好家庭、伟大的爱的含意，保持不被污染的纯真。所有百合的花语是顺利、心想事成、祝福、高贵。白百合是纯洁、庄严、心心相印，而黑百合则是诅咒等。除了颜色不同，花语不同，赠送的百合花的数量不同，其寓意也是不同的：一朵百合花代表你是我的唯一，而两朵，则代表你侬我侬，祝你我幸福，等等。

❖ 百合

❖ 百合

不胜枚举。可以晒干泡茶或磨粉作主食，也可以鲜蒸鲜煮。用百合做成的食物，味道甜美而不黏腻，清香而不浓郁，其中较出名的有百合养生花茶、百合糕、蜂蜜蒸百合、百合红枣粥，等等。百合制成的食物能够宁心安神和补中益气，用百合做成的药膳，则是滋补的珍品。单味煎服或者配伍使用百合，有归心、肺经和润肺止咳等效用。但并不是每个人的体质都是适合食用它的，风寒咳嗽、虚寒出血或脾胃不佳的人群，就需要谨慎食用。